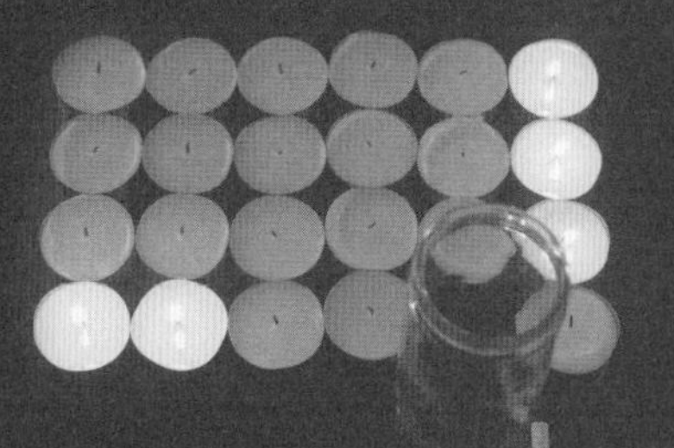

The Mathematics of Experiments vol.3

実験数学読本 3

やりたくなる実験から考えたくなる数学へ

矢崎成俊 著
Shigetoshi Yazaki

日本評論社

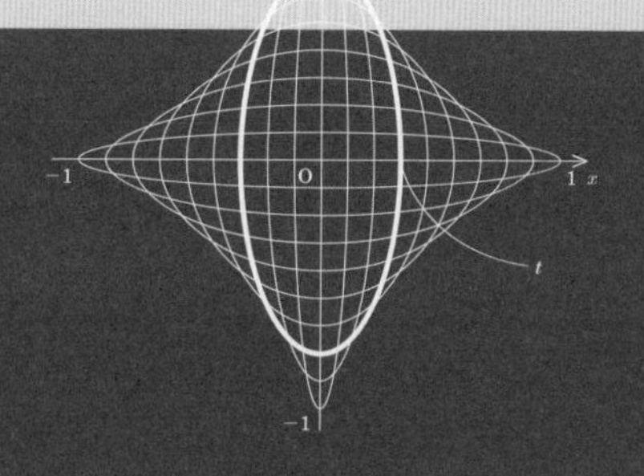

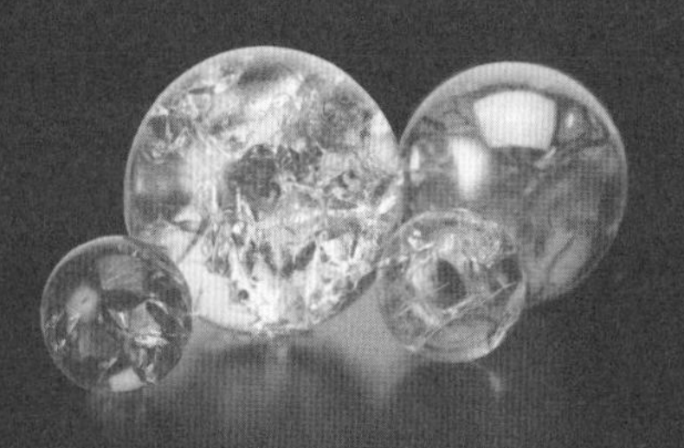

カラー写真

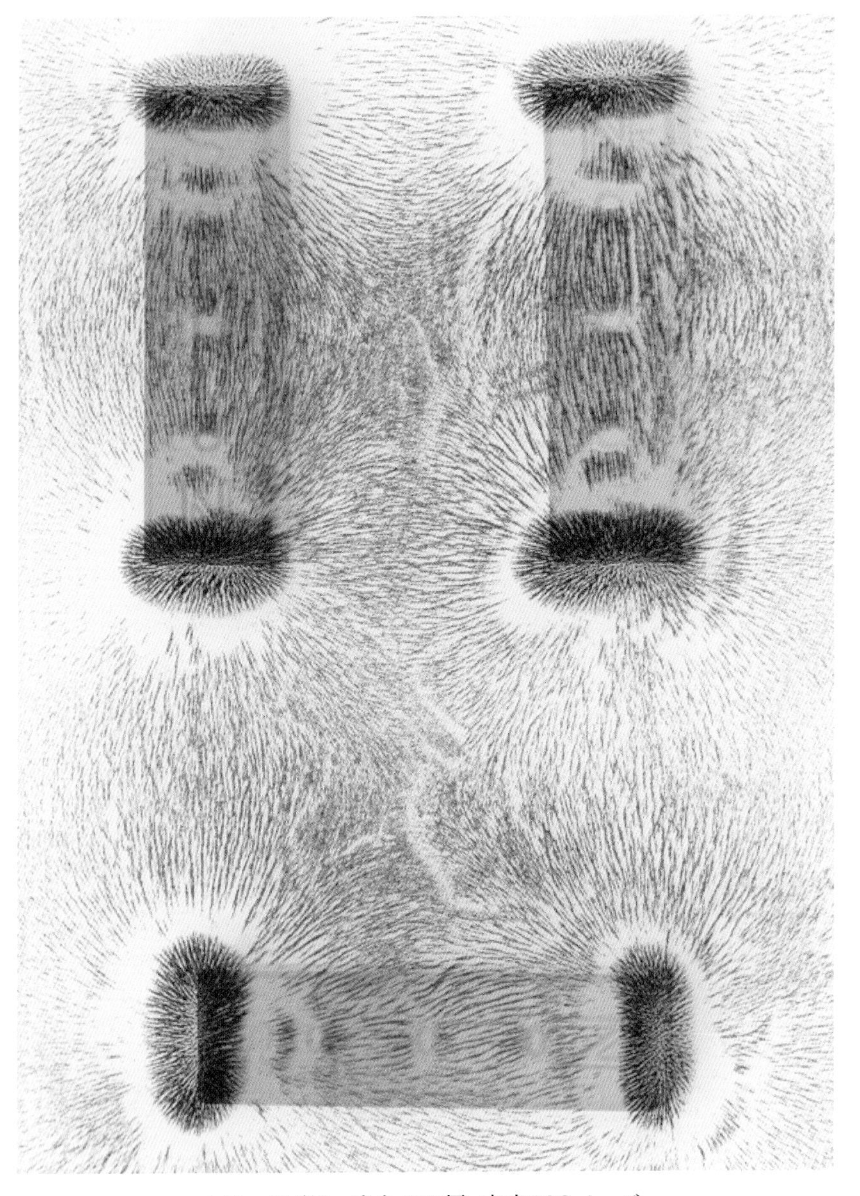

カラー写真1　赤色がN極．本文100ページ．

カラー写真2　赤色がN極．本文97ページ．

カラー写真3　赤色がN極．本文98ページ．

カラー写真**4**　本文99ページ.

カラー写真**5**　本文104ページ.

カラー写真6　本文103ページ.

カラー写真**7**　本文66ページ.

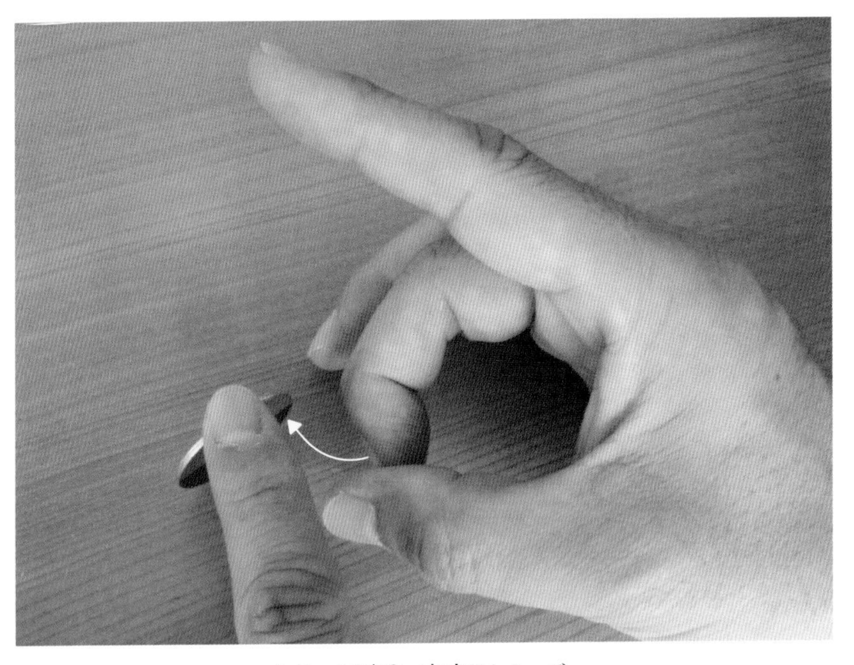

カラー写真**8**　本文24ページ.

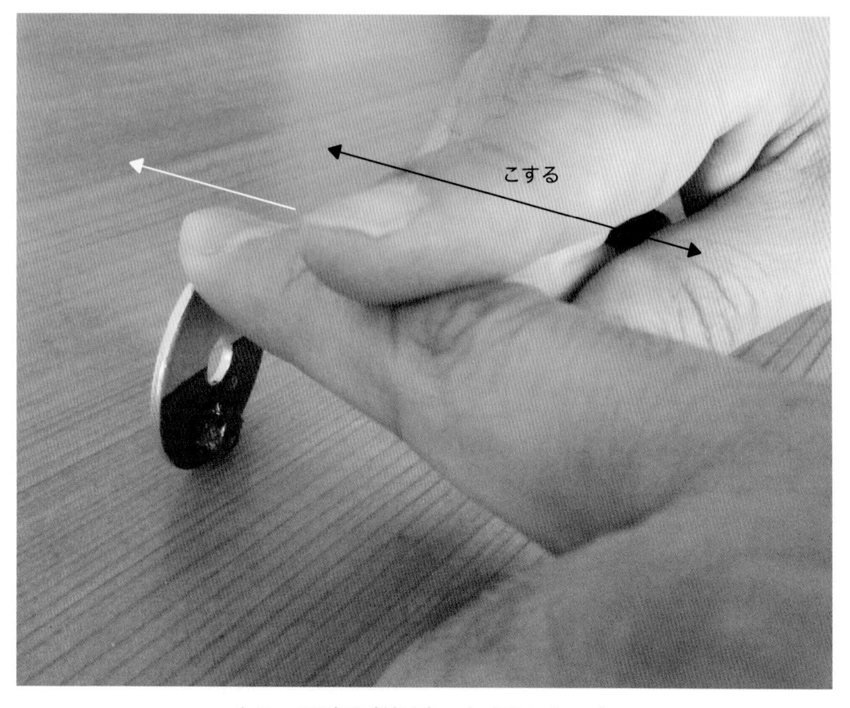

カラー写真**8**（続き）　本文24ページ.

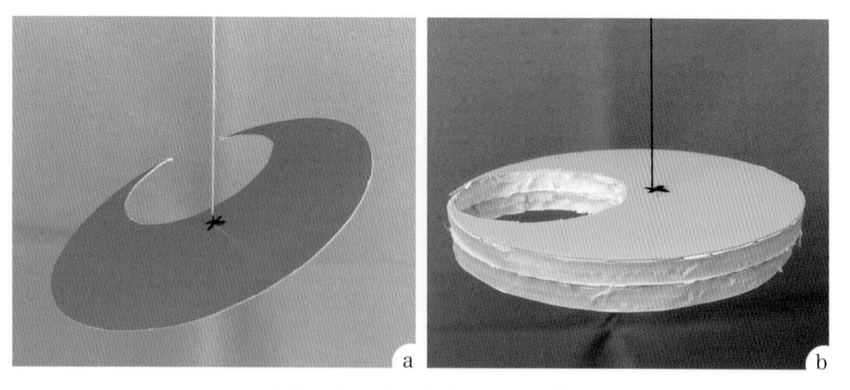

カラー写真**9**　本文56ページ.

カラー写真10　本文25ページ.

カラー写真11　本文12ページ.

カラー写真11（続き）　本文13ページ.

カラー写真11（続き） 本文13ページ.

カラー写真**12**　本文15ページ.

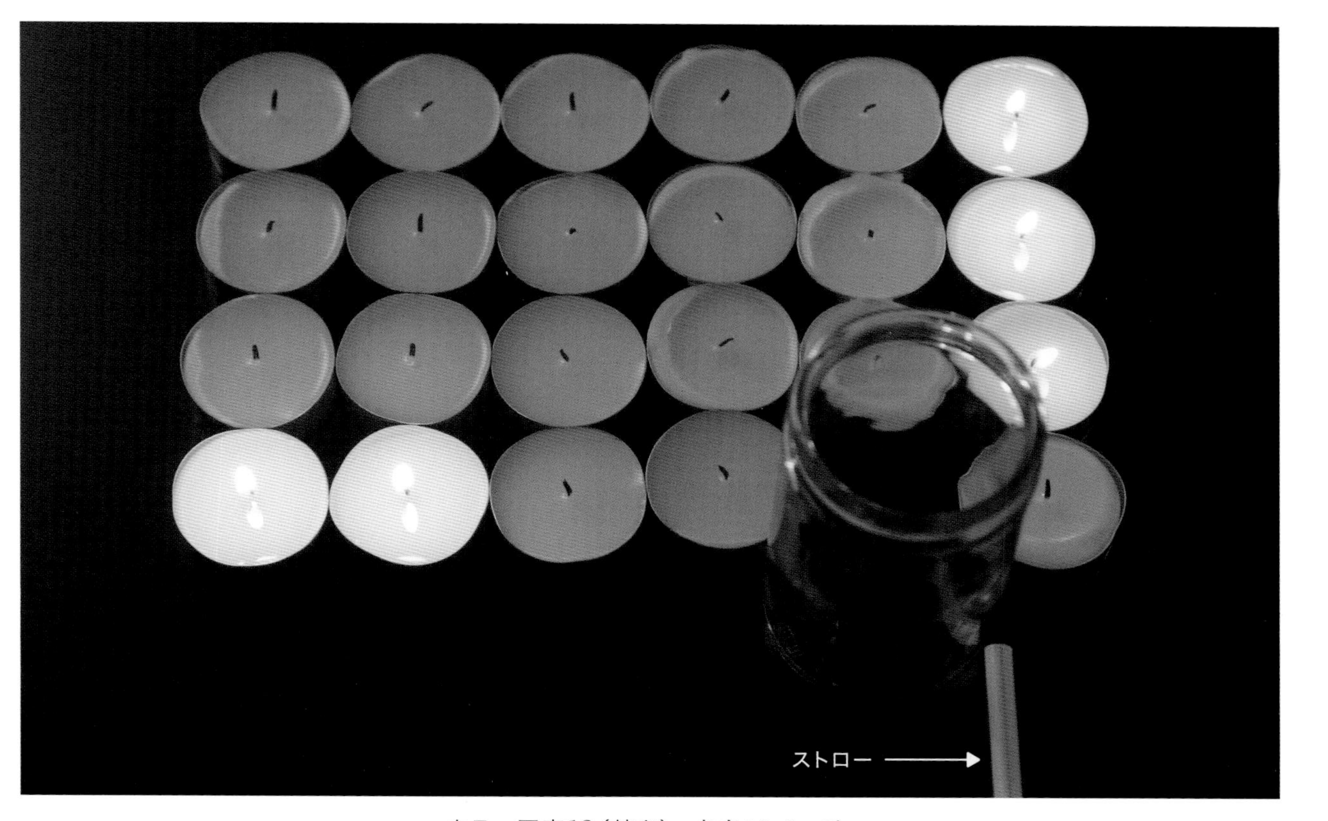

カラー写真**12**（続き）　本文15ページ.

カラー写真13　本文16ページ.

カラー写真13（続き）　本文17ページ.

カラー写真13（続き）　本文17ページ.

カラー写真14　本文18ページ.

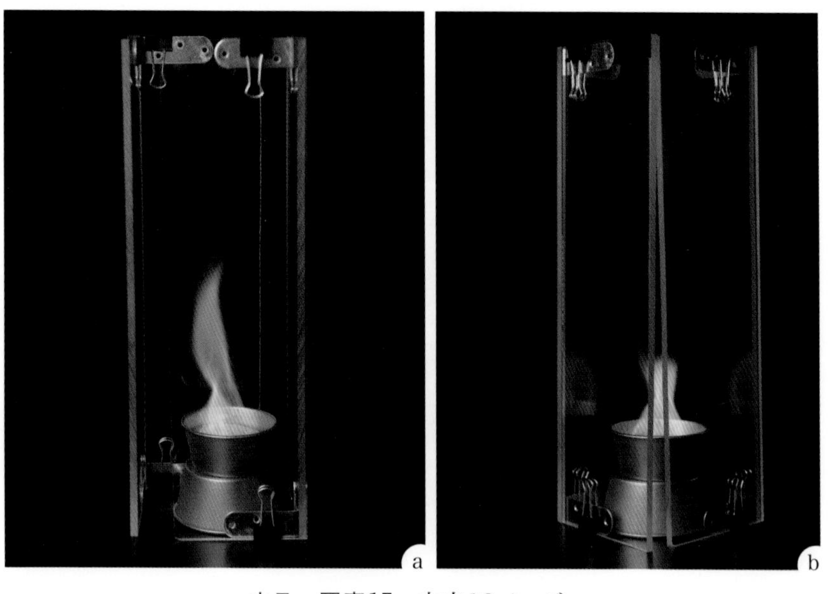

カラー写真15　本文19ページ.

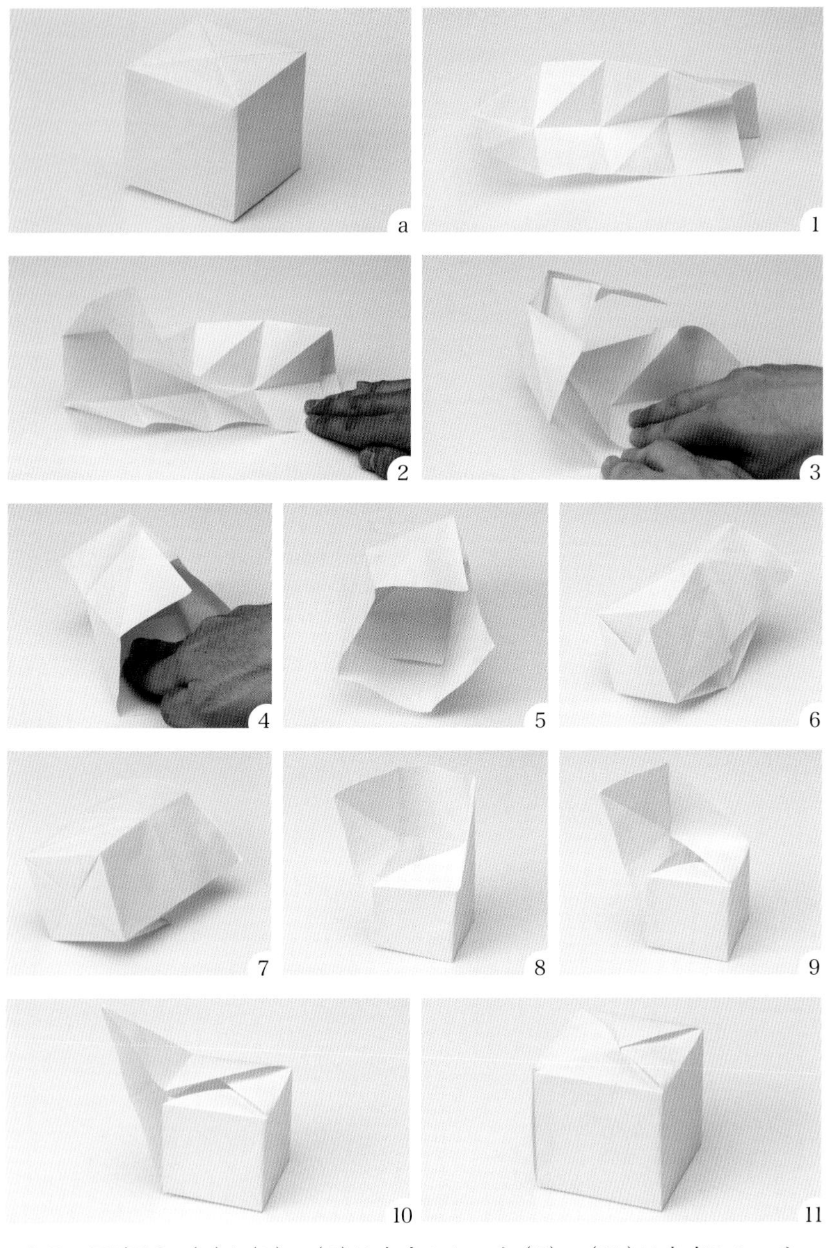

カラー写真16　(a)と(1)～(6)は本文4ページ, (7)～(11)は本文5ページ.

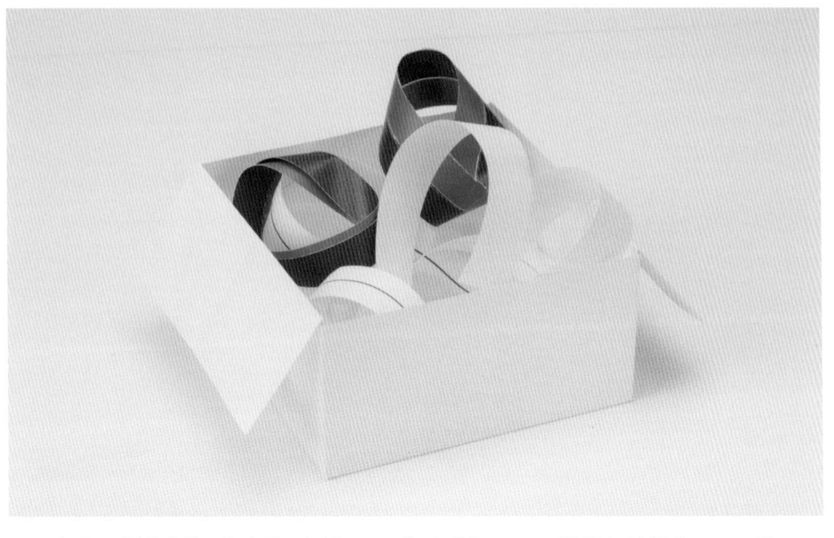

カラー写真17　本文5，142ページ．メビウスの二重帯などが入っている．
拙著『実験数学読本2 [68]』参照．

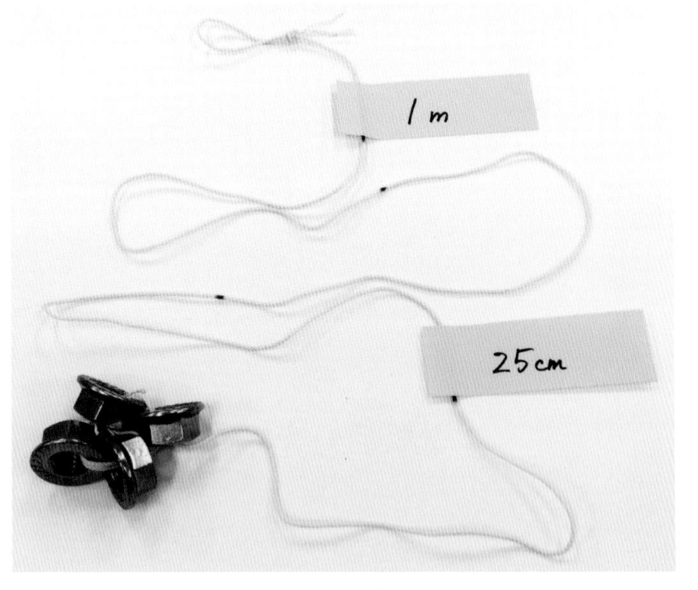

カラー写真18　本文36ページ．

はじめに

7月3日は誕生日なのですが，これを73という2桁の数としてみると，結構面白い数であることがわかっています．73は21番目の素数で，7と3を逆にした37は12番目の素数なのです．素数とは1と自分自身以外に正の約数を持たない2以上の自然数のことで，一番小さい素数は唯一の偶数2です．20番目の素数まで書くと，

2, 3, 5, 7, 11, 13, 17, 19, 23, 29, 31, 37, 41, 43, 47, 53, 59, 61, 67, 71

となります．そして次の21番目の素数が73となります．しかも，21は7と3の積になっています．これを仮に「積の性質」と呼びましょう．

このことを知ったのはアメリカのテレビドラマシリーズ『ビッグバン★セオリー』(原題：The Big Bang Theory) でした．シリーズ73番目のエピソードで，主人公のシェルドン・クーパー (Sheldon Cooper) が「What is the best number?」と彼の仲間たちに問いかけて，上で述べた性質を語っていました．シェルドンはさらに続けて，73を2進法で表すと回文1001001になっているとも指摘しています．

73のように，桁をひっくり返すと異なる素数になる自然数をエマープ (emirp) といいます．200以下のエマープは

13, 17, 31, 37, 71, 73, 79, 97, 107, 113, 149, 157, 167, 179, 199

です．エマープは素数 (*prime* number) を逆さに綴ったもので，日本語では素数を逆さにした「数素」を訳語として使っています．ひらがなで「うすそ」としても良かったと思いますが，数素の方が格好良いですね．ともあれ73はエマープでかつ積の性質を満たすものです．番組では，エマープかつ積の性質を満たす数は73に限るかどうかまでは言及していませんでしたが，実はこのような数は73しかないということが，論文 [40] で最近証明されました．番組制作スタッフがここまで予想していたかどうかわかりませんが，見事な話題提供になっています．ところで，この論文が掲載された論文誌はアメリカの数学雑誌『The American Mathematical Monthly』です．この雑誌の扱ってい

る内容は，高校生レベルから数学の研究者レベルまで幅広く，日本の『数学セミナー』(日本評論社) や『現代数学』(現代数学社) に『数学』(岩波書店) や『数理科学』(サイエンス社) などの内容を加えた印象です．年に 10 回発行されています．リーとヨークによる「カオス」の論文もカッツの論文「太鼓の形を聴くことができるか？」もこの雑誌から生まれました ([30, 22]).

73 の話を随分と広げてしまいましたが，身の回りのどんな数にも，面白い性質やいろいろな物語があります．自由気ままに物語を作っても面白いです．本書では

$$127,\ 2568,\ 96387,\ 2^{81}-1$$

などの数が登場します．また，数そのものの性質だけでなく，数同士を足したり引いたり掛けたり割ったりしても面白いことはたくさんあります．数学者は，その面白いことを日々研究している人，といえるでしょう．一方，数は目に見えないものですが，目に見えるものに注目して，ものが動く，落ちる，飛ぶ，回る，流れるといった身の回りのさまざま現象を観察しても楽しいです．なぜ動く？　なぜ落ちる？　なぜ飛ぶ？　なぜ回る？　なぜ流れる？　と，なぜを問い続けると，現象の背後に隠された法則 (ルール) がみえてくることがあります．法則がわかってもなお不思議なことはたくさんあります．数学者や科学者は，その不思議なことを日々研究している人，といえるでしょう．

研究者たちは誰もわからないことを研究している人と思いがちですが，研究の動機や出発点は，存外，だれもが不思議に思う素朴で単純なことが少なくありません．その不思議な気持ちを大切に素朴な疑問を真剣に突き詰めた結果，誰も見たことのない風景，すなわち研究の最先端に行き着くのです．

本書では，ほとんど準備のいらない実験や多少の準備はいるけれども一瞬で実行できるような実験を数多く紹介します．いずれの実験も身の回りのもの使ってできるさまざまな現象についての実験です．あまりあれこれ考えずに，えっ，なんで？　うぁ，面白い！　となれば大成功です．

小学校の算数は中学校以降になると数学と呼びますが，どちらにしても，どうして「数楽(すうがく)」と呼ばないのでしょう．音楽みたいに.「学ぶ」という言葉はギリシャ語でマンタネインといいます．これが派生して，マテーマティケーと

なり，mathematics (数学) の語源となりました．また，マテーマティコスは数学者のことをいいますが，本来は「学ぶことが好きな人」という意味で，プラトンはそのように用いていたようです (『Oxford 数学史 [38]』).

だから，勉強が楽しい人はみな数学者.

だから，楽しい人が学ぶ算数や数学は「数楽」なのです！

さあ，実験数楽で遊びましょう.

2020 年 1 月 12 日

矢 崎 成 俊

目次

第0章

3分間の実験あそびと数楽あそび

気持ちを落ち着けるのに1分間はほどよい長さだが，何かの説明をするのに1分間では短すぎる．だからといって，5分間のつまらないスピーチを聞くのは耐えがたい．その意味で，真ん中の3分間はちょうどよい．3分あれば活躍できる．ウルトラマンの活動時間は3分間，ボクシングの1ラウンドは3分間．そして3分ならば待てる．カップ麺が出来上がる時間は3分間だ．そういえば，キューピーのクッキングも3分間．

本章では，3分以内でできる実験あそびや数楽あそびを紹介するが，結果，3分以上は楽しめるものばかり．

1.　最後はみんな薬指

本書最初のトピック．まずは軽ーく，準備なしの指遊びから．次のルールに従って，手を動かしてみよう．

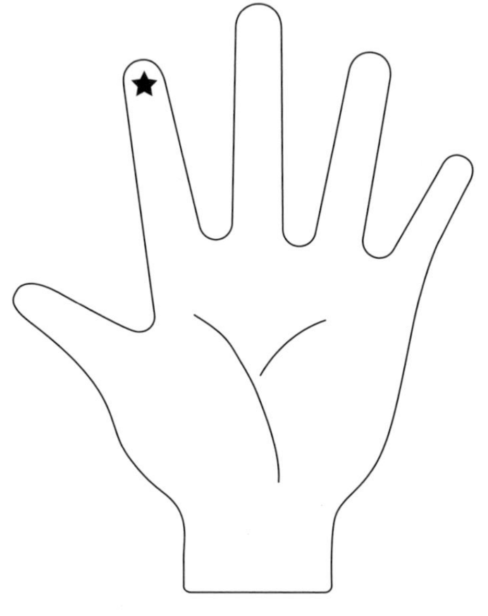

図 **0.1**

ルール

① 図 0.1 のように左手の人差し指 (★) からスタート．(人差し指を握る．)
② 好きな名前の文字数分だけ握る指を隣に移動させる．これを **2 回**連続しておこなう．動く方向はどちらの方向でもよく，親指，もしくは小指に到達したら，折り返す．
③ 最後に止まった指から**小指方向**に,「好き」の二文字分だけ移動する．

問 0.1　必ず薬指になる．なぜか．

答 0.1 図 0.2 のように，親指，人差し指，中指，薬指，小指へ，順に $0, 1, 0, 1, 0$ と番号をふる．

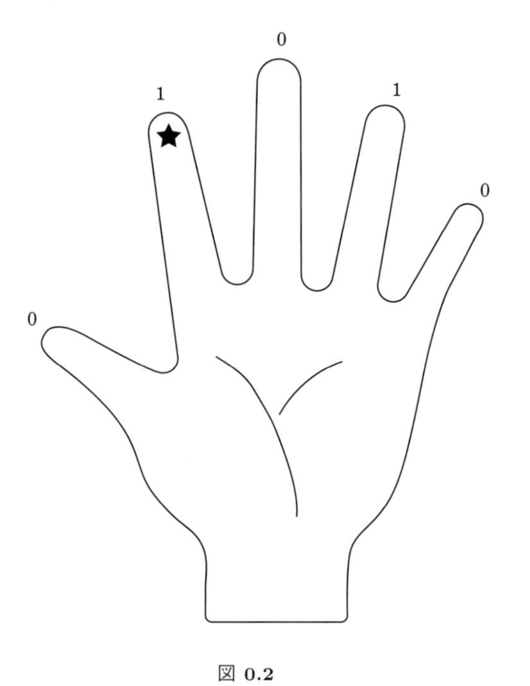

図 **0.2**

番号 1 の人差し指から，どんな文字数でも 2 回分移動するから，必ず，偶数回移動することになる．そのときの行き先の番号は 1 (人差し指か薬指) である．最後に,「好き」(二文字) だけ小指方向に移動すると，

人差し指 → 中指 → 薬指

薬指 → 小指 → 薬指

のどちらかのパターンになる．結局，薬指に落ち着く．最後に「好き」で薬指．よくできてます (^o^)

2.　フジモトキューブ (第 8 章)

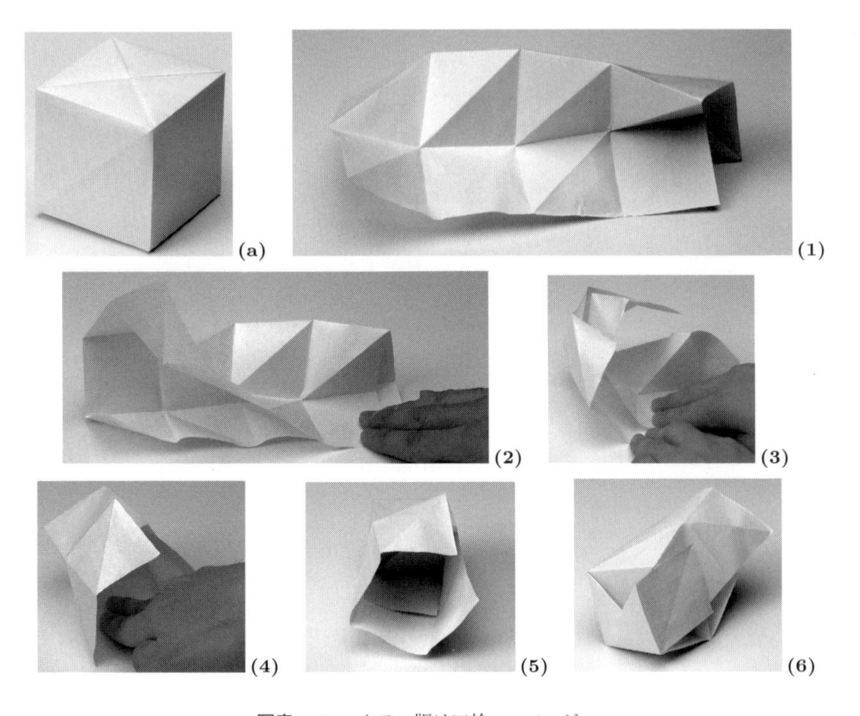

写真 0.3　カラー版は口絵 xv ページ.

立方体は簡単に工作できる．正四角柱の木材を底面 (正方形) の辺の長さで切ればよい．紙に展開図を書いて作るのも簡単だ．では切り貼りせず，またパーツの組み合わせもせずに丈夫な立方体を作ることはできるだろうか．

数学的には，長さ 1 の線分をそれに直交する方向に 1 だけ動かしたときに線分の掃く図形が正方形で，正方形をそれに直交する方向に 1 だけ動かしたときに正方形の掃く図形が立方体である．しかしこれでは参考にならない．

そこで上の問いに肯定的な解答を与えてくれる傑作「フジモトキューブ」を紹介したい．正方形の紙一枚を巧妙に折り曲げるだけでできる立方体 (写真 0.3 (a)) で，考案者・藤本修三氏の名を冠している．写真 0.3 (1) の折り目をきっちり作り，(2)〜(10) のように折りたたんでいくと (11) で完成する．

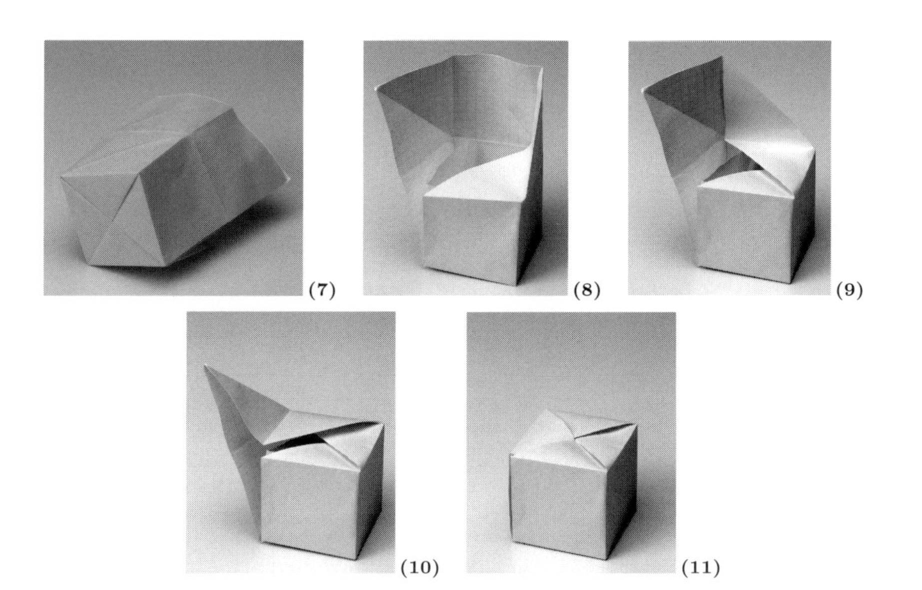

写真 0.3 (続き)　カラー版は口絵 xv ページ.

写真 0.4　ものを入れたカラー版は口絵 xvi ページ.

一方，写真 0.4 は A4 用紙から作った「もの入れ」である．いらない紙で作ったことがある人もいるでしょう．枝豆のさや，みかんの皮，落花生の殻などを入れて，そのままゴミ箱に捨てられる知恵の一品．これは伝承の傑作．(折り紙の「三方 (さんぽう)」に類似．詳しくは第 8.2 節にて．)

A4 用紙の短辺を一辺とする正方形用紙からフジモトキューブを作る．同じものを四個作る．するともの入れにぴったり四個入る．傑作たちのコラボレーション．

3.　パスワードはなに？

あなたは，へのへのもへじ氏とパスワードを協議して決めようとしています．図 0.5 は，そのやりとりの様子を LINE 風のトーク画面にしたものです．パスワードはなんでしょう？　このやりとりで本当にパスワードは決まるのでしょうか．

図 0.5　パスワードを決めることはできるのか？

拙著『実験数学読本 2 [67]』の第 3.2 節でも言及しましたが，言いたいことをきちんと伝えるのはなかなか難しいものです．

さて，誰かに自分の情報やモノを渡したいとき，渡すべき人のみに渡るようにするためにパスワードや暗号は必要とされています．暗号はどのように保護されているのでしょう．なんと！　まったく関係なさそうな「素因数分解は簡単にできないこと」を逆手にとって利用しています．例えば，次のような素因数分解の素朴なアルゴリズムを考えてみましょう．効率は悪いですが考え方は単純です．($A := B$ は A に B を代入するという意味．)

Step 1　$p := 0$; $n := N$;

Step 2　$n \geqq 2$ である限り以下のLoop（ループ）を続ける．

Loop　$m = 2, 3, \cdots, n$ に対して，以下の (1)〜(3) を続ける．

(1)　$j := 0$;

(2)　n/m の余りが 0 である限り「$n := n/m$; $j := j + 1$;」を繰り返す;

(3)　$j \geqq 1$ ならば，m^j を表示して，$p := p + j$;

Step 3　$p \geqq 2$ ならば「N は合成数」，$p = 1$ ならば「N は素数」と判定．

注意 0.1　**(2)** は「割り切れる間 n を m で割り続けて割った回数を j とする」ことに対応し，**(3)** は「N は m^j を因子にもつ」ことに対応している．m が素数でないときは $j = 0$ となって表示されないから，m は常に素数となる．また，N が素数のとき N 未満のいずれの m でも $n = N$ を割り切ることができないからずっと $j = 0$ であるが，**Loop** 最後の $m = N$ のときのみ $n = N$ を割り切ることができて $j = 1$ となる (このとき $p = 1$).

例えば，123456707654321(123 兆 ⋯) の素因数分解を，上のアルゴリズムを C 言語で書いたプログラムを筆者のノートパソコンで実行してみると，$123456707654321 = 29^1 \times 41^1 \times 103832386589^1$ となります．たった 15 桁なのに数十分かかります．(一方，$29 \times 41 \times 103832386589$ の計算は一瞬です．) もっと効率の良いアルゴリズムを作ったとしても，(実質上無理と言えるくらいに) 巨大な数の素因数分解には時間がかかります．このことを安全性の担保とした暗号方式は RSA 暗号と呼ばれ，現代の暗号秘密保全の基礎的な考え方となっています．歴史的経緯については，例えば『暗号解読 [45]』などを読むとよいでしょう．

4.　恐怖の道路標識

国土交通省のホームページの「政策情報・分野別一覧 道路 」から，さまざまな道路に関する情報を閲覧することができます．例えば，

道路 → 施策紹介【道路標識等】
→ 道路標識の概要等【道路標識の概要】

と辿ると，PDF 形式の『道路標識一覧』が閲覧でき，図 0.6 (1)(2) のような，さまざまな警戒標識のサンプル図が見られます．

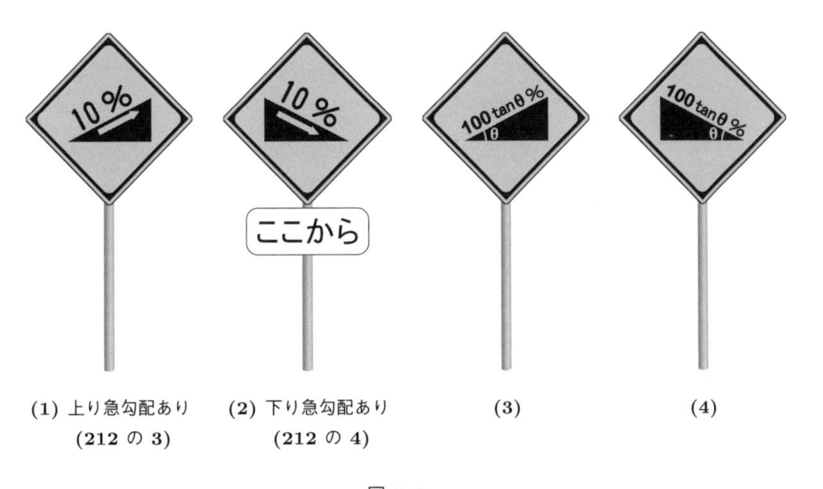

図 0.6

図 0.6 (2) の「ここから」は補助標識で，注意を喚起する文字や数字情報が入ります．また，(1) と (2) の 10%は，縦断勾配と呼ばれるもので，タンジェントを百分率で表したものです．すなわち，水平に 100m 直進して 10m 上がったら 10%の上り勾配，10m 下がったら 10%の下り勾配となります．それらの数学的意味を警戒標識風に描けば (3)(4) のようになるでしょう．

問 0.2　図 0.7 の補助標識 (ア)(イ) に入る適切な言葉・記号は？

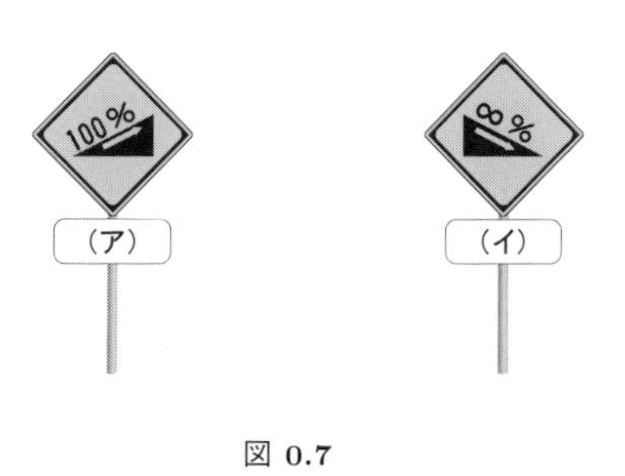

図 **0.7**

答 0.2　「とんち」なので正解はありませんが，数学的な意味を考えると，例えば図 0.8 のような回答はいかがでしょう．

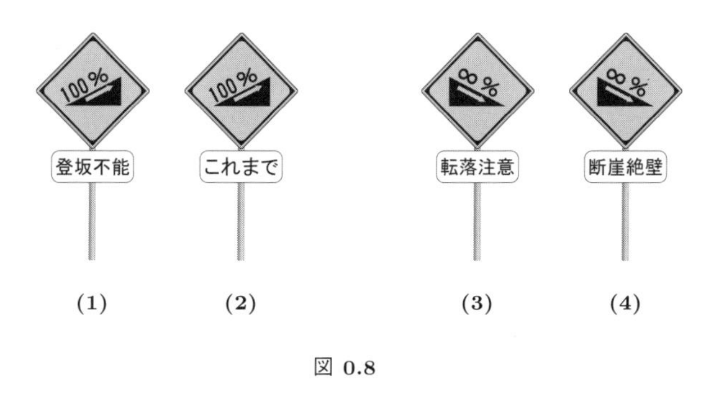

図 **0.8**

(ア)　100%の上り坂と聞くと，その語感から目の前に道路の壁がそびえ立っていると思わず勘違いしてしまいます．本来は，水平距離 100m に対して 100m の割合で高くなる坂道なので，100%の上り坂は傾斜角 45 度の上り坂を意味します．しかし，こんな坂道は通常の車は登れませんから，実質，道路の壁がそびえ立っているようなものですね．その意味で，図 0.8 (1)(2) としました．

(イ)　∞ %の上り坂こそが，目の前にそびえ立つ垂直道路です．だから，∞ %の下り坂は，その逆で，目の前の道路が突然なくなる垂直道路です．つまり，図 0.8 (3)(4) のような警戒標識が当てはまるでしょう．

5.　車のスピードと道路の曲がり具合

しばしば，道路のカーブの手前で R = ○○ m などという交通道路標識をみかけます (写真 0.9).

写真 0.9　(左) は「右方屈曲あり (202)」の警戒標識.

そもそも R とはなんでしょうか. R は曲がっている道路の中心線にちょうど合う円弧をもってきたときのその円の半径 (radius) の頭文字です (詳しくは曲率半径と呼ぶ). これは図 0.10 (a) のような状況を意味しています.

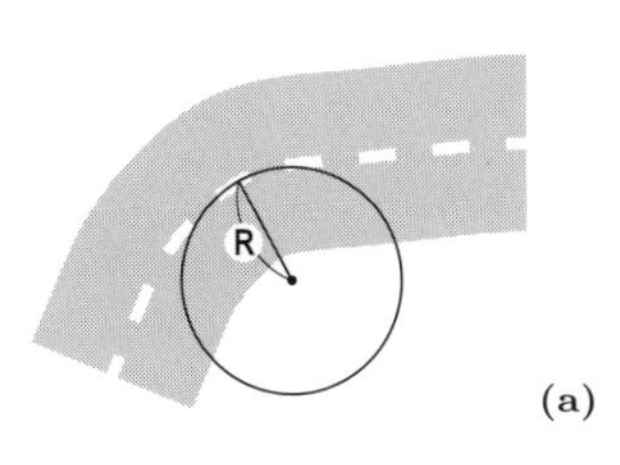

図 0.10　(a) 曲率半径 R の決め方.

問 0.3　図 0.10 (b)(c) の道路標識 (ア)(イ) に入る適切な記号は何でしょう？

道路構造令・第 15 条 (曲線半径) には,「車道の屈曲部のうち緩和区間を除いた部分の中心線の曲線半径は，当該道路の設計速度に応じ，次の表 (表 0.1) の曲線半径の欄に掲げる値以上とするものとする. (抜粋)」とあります (インターネットで検索可能). 時速 60km で写真 0.9 (左) の R = 130m のカーブを曲がるのは少々厳しいですね. 図 0.11 は表 0.1 をグラフにしたものです.

表 0.1

設計速度 [km/h]	曲線半径 [m]
120	710
100	460
80	280
60	150
50	100
40	60
30	30
20	15

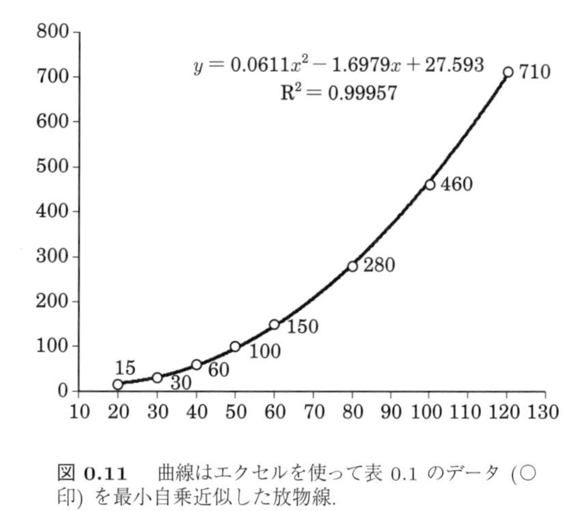

図 0.11　曲線はエクセルを使って表 0.1 のデータ (○印) を最小自乗近似した放物線.

答 0.3　例えば図 0.12 はいかがでしょうか.

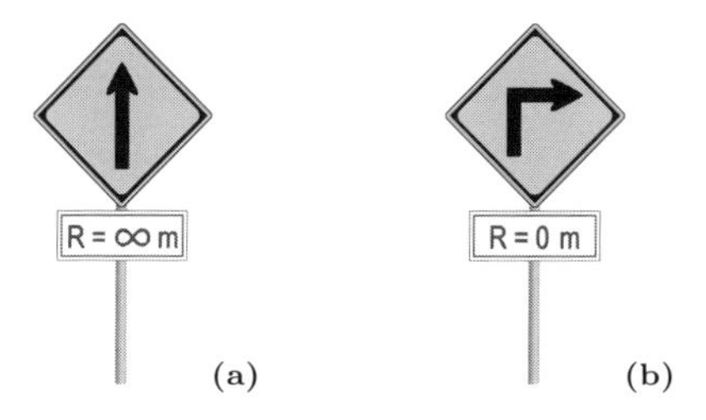

図 0.12　(a) 意味のない仮想的な標識, (b) 「右方屈折あり (203)」という実在する警戒標識と同じ.

高速道路の本線からインター出口の道に入ると，最初のカーブは R = 100m で「右方屈曲あり」，次のカーブは R = 60m で「右方屈折あり」のような警戒標識を見ることがある．カーブであって右折ではないのに！　たしかに表 0.1 の設計速度は時速 40km だから，時速 80km で R = 60m の右カーブに突入すると，それは右折と言ってよいほどの急カーブ．危ない !!

6. 鎮火 (その 1)：声で火を消す

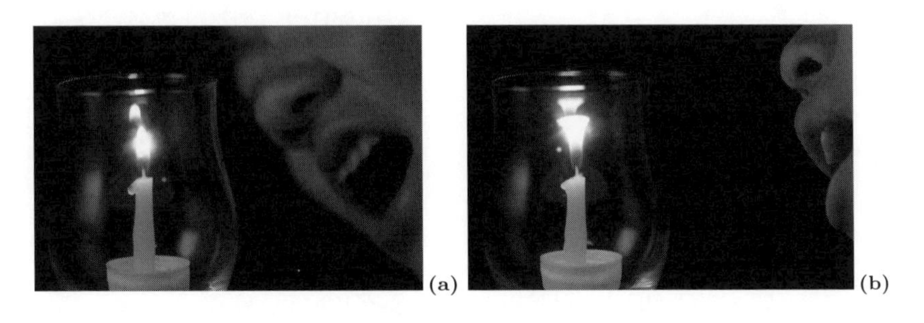

写真 0.13 (a)(b) のカラー版は口絵 viii ページ.

家中の窓ガラスや扉が振動してガタガタと音を立てたことがありました．でも床や天井は揺れていなから地震ではない．急な強風かとも思ったが窓の外の木は揺れていない．となると泥棒か，と身構えて見回ったが不審者はいない．そもそも騒がしく侵入する輩はいませんね．

ガタガタの原因は「空振」でした．鹿児島と宮崎の県境にある新燃岳が噴火して，空気が急激に圧力変化をおこし，その衝撃波が伝播してきたのです．家は新燃岳から 60km くらい離れていました．空気の振動は 60km をものともせずに伝播してきましたが，地震のような揺れもなく，その他の，例えば，音や風などを直接感知できなかったのは印象深く，そのときの衝撃 (肉体的にはなかったので，心理的な) をよく覚えています．

写真 0.13 は，声で火を消すマジックみたいな火の実験です．

準備 0.1 ガラスコップ，ロウソク，ロウソクを立てるためのペットボトルのキャップ (写真 0.13 (続き) (0))．ロウソクの火で溶けないようにガラスにした．)

実験 0.1 (声で火を消す) (1) ロウソクをコップに入れる前に，ペットボトルのキャップにロウソクを 1 本立てておく (ロウを少し溶かして)．

(2) ガラスコップの中に入れてロウソクに火を付ける (写真 0.13 (続き) (1))．

(0)

(1)
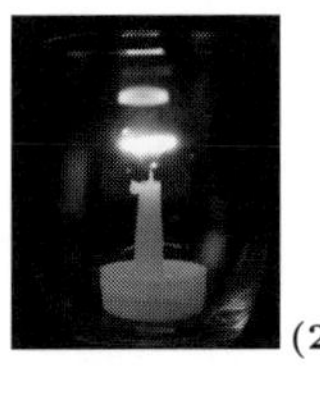
(2)
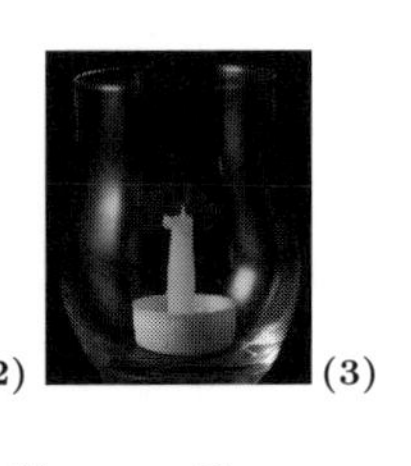
(3)

写真 0.13 (続き)　カラー版：(1)(3) は口絵 viii ページ，(2) は口絵 ix ページ.

(3) コップの中のロウソクの火に向かって，コップの横から声を当てる．すなわち，息がかからないように，コップの口よりも下側の横から「アー」と声を出す (写真 0.13 (a)(b)).

(4) 高い「アー」から低い「アー」までいろいろなトーンを試す.

(5) 炎が揺らめくような丁度よいトーンが見つかったら，そのトーンを維持したまま，だんだん声を大きくしていくと，写真 0.13 (続き) (2) のように**炎が上から押されるように潰れていき**，鎮火する (写真 0.13 (続き) (3)).

ガラスコップの固有振動数に近い振動数を声によって与えると，コップは細かく激しく振動し，周囲の空気を振動させ，その振動が上から伝わって**炎が潰れる**と考えている (これは推測)．しかし，最終的になぜ炎が消えるのだろう．(筆者には今のところ説明できません．)　また，写真のガラスコップは，ワイングラスのように，薄めの厚さでくぼみが少しあるものだが，いくつか比べてみて「声を当てた」ときに火が消えたものを選んだだけである．ガラス素材が「良い」のか，どのような形状が「良い」のかは,「良い」の意味も含めて筆者にはわかっていません．みんなで声を出すと盛り上がるし，学術的に考えてもいろいろと不明なところが多いので，これは面白い実験です.

7. 鎮火 (その 2)：風を曲げる，風を視る

風を曲げて火を消す，マジックみたいな火と風の実験.

準備 0.2 ロウソク，(息で動かない) 円柱状の容器，ストロー.

実験 0.2 (風を曲げる) (1) まず，図 0.14 (a) のような配置にストローとロウソクを置く．配置 (a) のまま，ストローに息を吹きかけても，ロウソクの炎は微動だにしない．念のため本を立てるなりして，壁を置けば，なおさら息の影響がない状況を作り出せる.

(2) 次に図 0.14 (b) のグレーの丸の部分に，中身の入った缶，湯飲み，水を入れたペットボトルなど円柱状のものを置く．そして，同じことをすると火が消える．矢印の方向に風が吹いたはずなのに，円柱容器によって，(ロウソクを通る) 破線に沿って風が吹いたことになる.

(3) もう少し複雑に，炎が消えなさそうにみえる図 0.14 (c) のような配置も面白い.

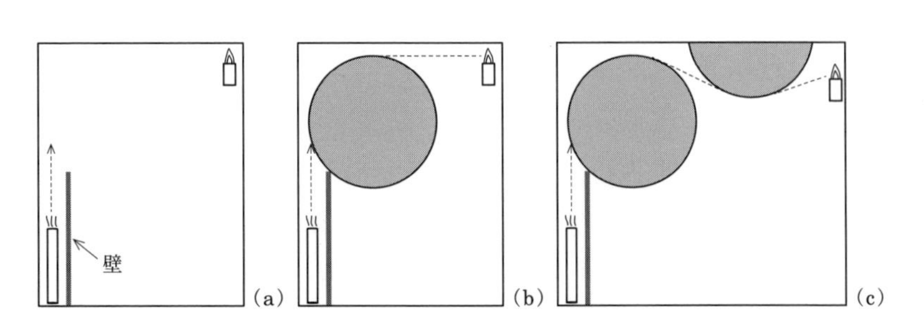

図 0.14 壁はなくてもよい.

風は本当に破線のように 90 度湾曲して吹いたのか．風の通った道を「視覚化」しよう.

準備 0.3 たくさんのロウソク，円柱状の容器，ストロー (写真 0.15 (a)).

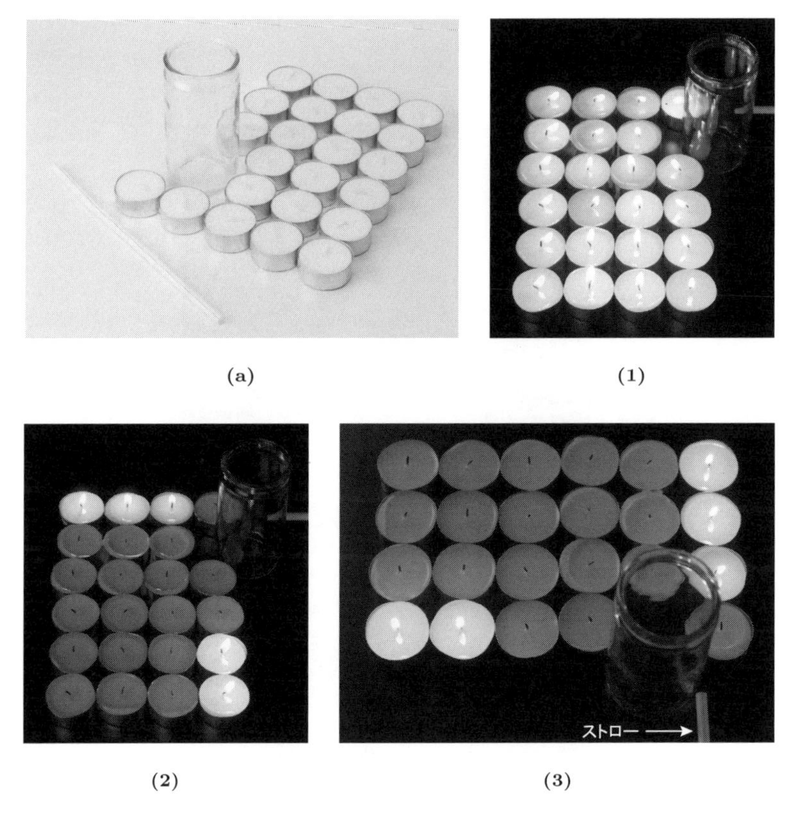

写真 0.15　カラー版：(1)(2) は口絵 x ページ，(3) は口絵 xi ページ．

実験 0.3 (風を視る)　コップの右側面にストローで息を吹きかけ，どのロウソクの炎が消えるか，実験する．

写真 0.15 (1) は息を吹きかける前，(2) は吹きかけた後の写真．(3) は (2) の別角度からのもの．(3) をみると，たしかにストローの延長線上 (0 度) のロウソクは消えず，風は 90 度に曲がっていて，その間の角度の範囲にも風の影響が及んでいることがわかる．この範囲は風の強さと円柱容器の径によるはずだ．

8.　天災は

写真 0.16　カラー版は口絵 xii ページ.

「エジプトはナイルの賜」に象徴されるようにナイル河の氾濫は肥沃な土地を提供した．のみならず区画整備の要請から土地の測量 (geōmetria) の技術も発展させた．幾何学 (geometry) はそこに起源をもつという．古来，人間を取り巻く災害は多い．地震，台風，火事，噴火，干ばつ，雪崩，洪水，津波，氾濫，感染，土砂崩れ，…，そして，人災．日本は地理的に特殊で，海や峻険な山々に包囲され，国土はプレートの端にちょこんと乗っていて，気候は亜寒帯と亜熱帯の間の幅広い温帯で台風の通り道となっている．そんな土地柄であっても「天災は忘れた頃にやってくる」はずだったのに，昨今，忘れる前に次から次へとやってきている．災害といえば天災だけだったはずが，文明が発展するにつれ文明自身が新たな災害の源となる人災が加わり，災害が増加している．

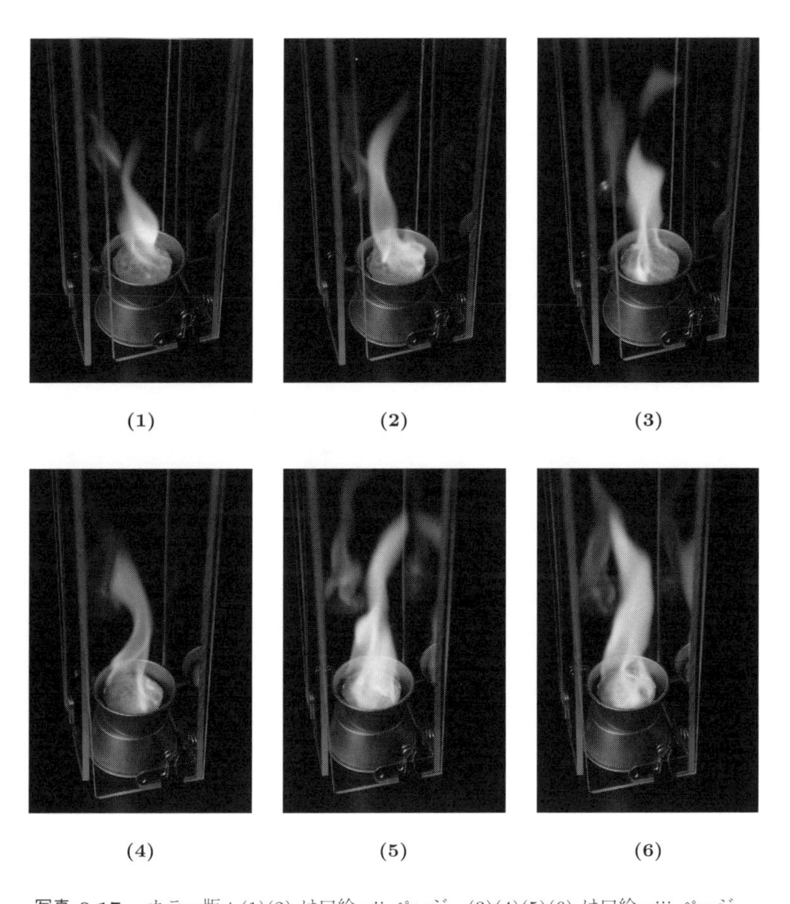

写真 0.17　カラー版：(1)(2) は口絵 xii ページ，(3)(4)(5)(6) は口絵 xiii ページ．

近年のポルトガル，カリフォルニア，そしてオーストラリアなどで発生した山火事は記憶に新しい．火災旋風が猛威をふるった．「悪魔の火」と呼ばれるだけあって巻き起こったら誰にも止められない．写真 0.16 は固形燃料の燃焼．写真 0.17 (1)～(6) は二組の L 字囲いで (a) を囲ったもので，(1)～(3) は火炎が時計回りにねじれている．(4)～(6) はその逆のねじれ．いずれも火炎が旋回しているプチ火災旋風の実験である．

9.　忘れた頃に

準備 0.4　① アクリル板 (15cm × 30cm 程度．4 枚)，L 字金具 (4 個)，クリップ (8 個)，固形燃料 (1 個)，固形燃料を入れる金属カップ (3 個) を用意 (写真 0.18 (a))．

② 長方形アクリル 2 枚を L 字金具と一緒にクリップで挟んで，L 字の囲いを二組作る (写真 0.18 (b))．図 0.20 (a) は上からの図．半円柱アクリルを二つ使ってもよい (図 0.19 と図 0.20 (b))．

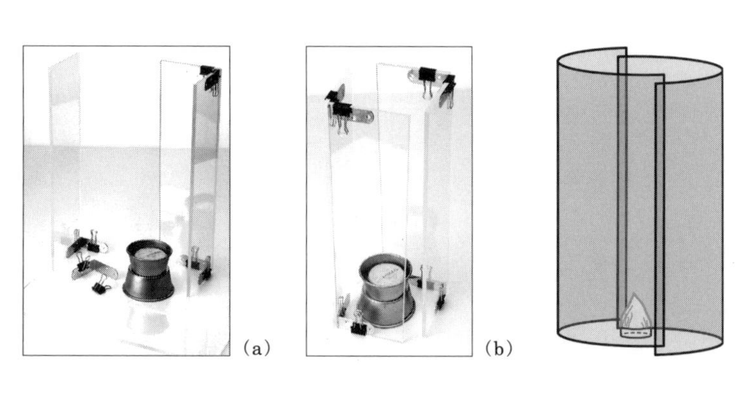

写真 0.18　カラー版は口絵 xiv ページ.　　図 0.19

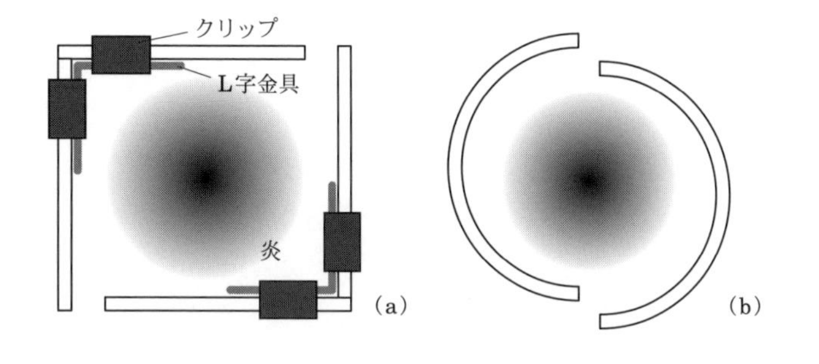

図 0.20

実験 0.4 (プチ火災旋風)　着火した固形燃料を二つの L 字アクリルで囲む (写真 0.18 (b))．カップは非常に熱くなるので，もう一つのカップを逆さにして台にする．十分に注意！　写真 0.18 (a) には写していないが火炎消火のための蓋用カップがもう一つあるとよい (だからカップは 3 個と書いた).

写真 0.17 (1)〜(3) は，上から見ると図 0.20 (a) のように囲いに隙間を空けた場合の実験写真である．(側面から見たカラー写真 15 (xiv ページ) も参照．) 火炎周辺の空気は熱せられ膨張し，上昇気流となり，隙間から囲いの外の空気が流れ込む．図 0.21 (a) の矢印ように流入するので上昇気流は時計回りに旋回し，火炎も同じ回転方向にねじれる．燃焼させたまま図 0.21 (b) のように隙間の位置を変えると，旋回の向きが逆になり，それに応じて火炎のねじれ方向も逆になる．写真 0.17 (4)〜(6) はその様子の実験である．

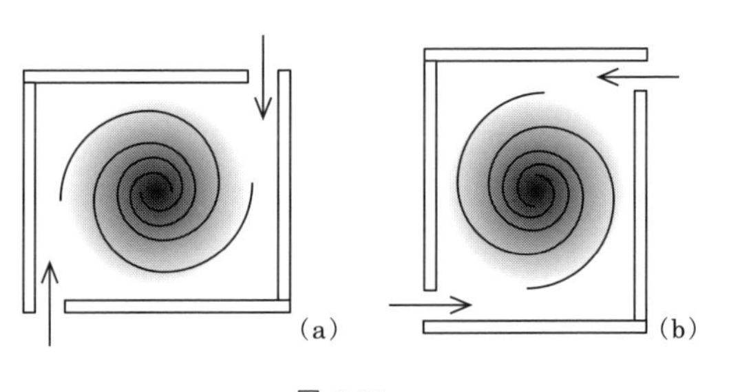

図 0.21

火災旋風により通常の火炎の高さ (写真 0.16) は数倍増される．固形燃料を液体に変え，囲いをもっと高くすれば，火炎の高さは容易に数倍になる．山林のみならず建物が林立している居住空間における空気の流れは複雑で，予想外の火炎の挙動が起こりうることはこれらの実験から想像される．実際，関東大震災 (1923.9.1) において，首都圏は 2 日間燃え続け，死者行方不明者は 10 万人に達したといわれるが，特に陸軍被服廠(しょう)跡では，火災旋風により避難者 4 万人のうち 3 万 8 千人が 15 分足らずで死亡する大惨事となった．(関東大震災時の陸軍被服廠跡における火災旋風については，[28, 49, 27] などを参照されたい．)

10. やってくる (本章第 18 節)

準備 0.5 たくさんのロウソク．束にして立てておく容器．

実験 0.5 (プール火炎の振動) ロウソクを束にして燃焼させる．束の径を大きくすると振動数が減少するはずだ．

桑名・土橋による論文 [27] では，さまざまな火災に関する無次元量を次元解析を使って導出している．その中の一例として，プール火炎の振動数と径の関係式を紹介する．実験 0.5 の規模を大きくしたものである．図 0.22 は，プール火炎の振動数 (1 秒間に振動する回数) を f [Hz]，プールの直径を d [m] としたときの関係式 $f = Cd^{-\frac{1}{2}}$ を両対数グラフで表している (C は定数)．すなわち，プール，つまりカップに可燃性液体をいれて着火したときにできる炎の振動数は，カップの直径のルートに反比例するという結果である．

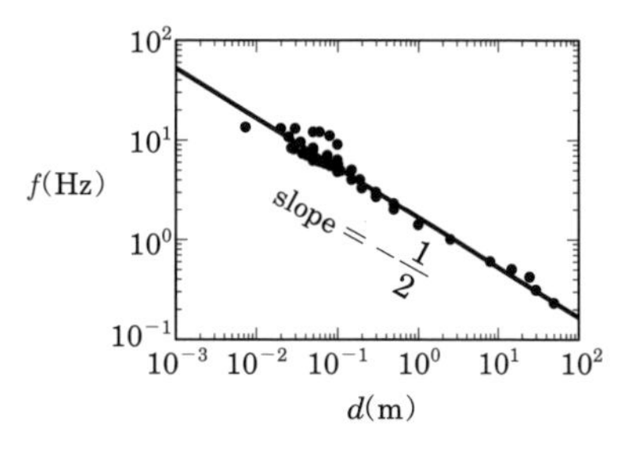

図 **0.22** 桑名・土橋 [27] より引用．

ロウソクは 1 本だとその炎は微動だにしない．まったく動かない．しかし 2 本のロウソクをくっつけて火をつけると，炎は振動しはじめる．3 本，4 本，… とたくさん増やしていくと，炎は激しくなるだろうが，振動はどうなるだろう．恐らく，細かい振動から大きな振動にかわり，振動数は減少していくだろう．その振動数の減り方は，上のように径のルートに反比例するという減り方に近いと思われる．

注意 0.2 径が小さいときは，振動数が大きすぎて肉眼で観察するのは厳しいかもしれない．また，ロウソクを 10 本も 20 本も束ねて火をつけると，存外大きな炎になるので，十分に注意すること．

本章第 8 節から本節までの連続 3 節のタイトルで，標語「天災は忘れた頃にやってくる」が完成する．この有名な標語は，高名な物理学者にして随筆家であった寺田寅彦が語ったキャッチフレーズのように言われているが，寺田自身はどこにも書き残していない．実は，高弟，中谷宇吉郎が寺田の言葉を引用したつもりで書いたものであった．しかし，『天災と国防 [51]』などその他でも同様の趣旨の話はしばしばしていたようであるから，中谷が言うように「寺田先生がペンを使わないで書かれた文字である」ということになるのだろう [34].

寺田は『天災と国防』の中でこう述べている．

> 文明が進むに従って人間は次第に自然を征服しようとする野心を生じた．そうして，重力に逆らい，風圧水力に抗するようないろいろの造営物を作った．そうしてあっぱれ自然の暴威を封じ込めたつもりになっていると，どうかした拍子に檻を破った猛獣の大群のように，自然があばれ出して高楼を倒壊せしめ堤防を崩壊させて人命を危うくし財産を滅ぼす．その災禍を起こさせたもとの起こりは天然に反抗する人間の細工であると言っても不当ではないはずである，災害の運動エネルギーとなるべき位置エネルギーを蓄積させ，いやが上にも災害を大きくするように努力しているものはたれあろう文明人そのものなのである．

火を扱い，数を扱うようになって自然の一部であったサルがヒトになった．そして数学が文明を推し進めた．文明はいったん進んだら退行することはできない．次第に人間は自然から離れていった．人間は自然の中の抵抗勢力になってしまったのだろうか．人間と自然の関係は大きなテーマである．考えることを放棄せずに脳みそに汗をかき続けていこう．

11.　回れ北海道！ (第 1 章)

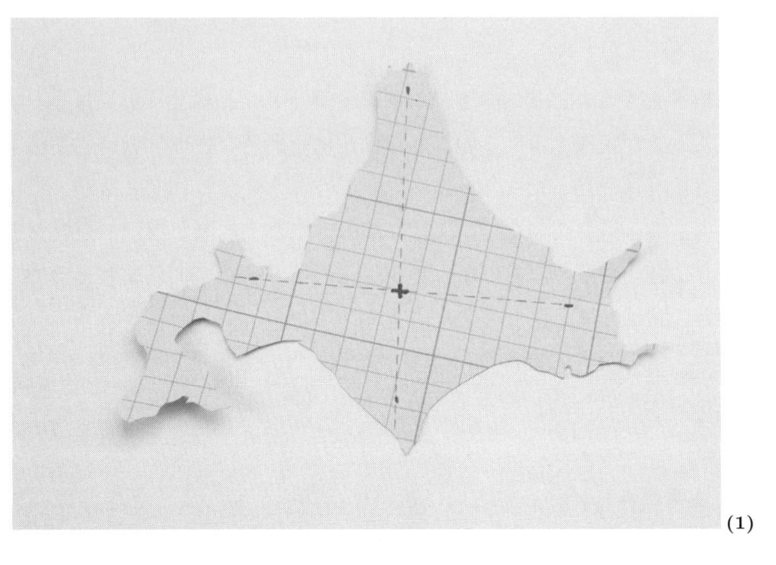

(1)

写真 0.23　(1)〜(4) のカラー版は『数学セミナー』2018 年 3 月号表紙.

日本の中心はどこだろうか．国土交通省・国土地理院のホームページから，GIS・国土の情報 → 地理に関する情報 → 日本の東西南北端点の経度緯度，とリンクを辿り，四つの最端点の経度緯度の平均を計算すると，経度 140 度 29 分 7.8 秒，緯度 28 度 43 分 43.5 秒であることがわかる．この地点は伊豆諸島の鳥島と小笠原諸島の西之島の真ん中辺りの誰もいない海である．だから日本の中心という感じがしない．

そもそも中心とは分かった気になる危うい (？) 概念である．例えば三角形の中心は何か．五心は有名だが，その他，○○点といういろいろな「心(しん)」が多いから困ってしまう．ところで，五心の中で重心だけが幾何学用語でなく異質である．水平な三角形に重力が作用しているとき，三角形に働く重力はある一点に作用する一つの力で置き換えることができる．その一点を重心と呼ぶ．三角形の場合，この定義から中線の交点が重心となることがわかる．

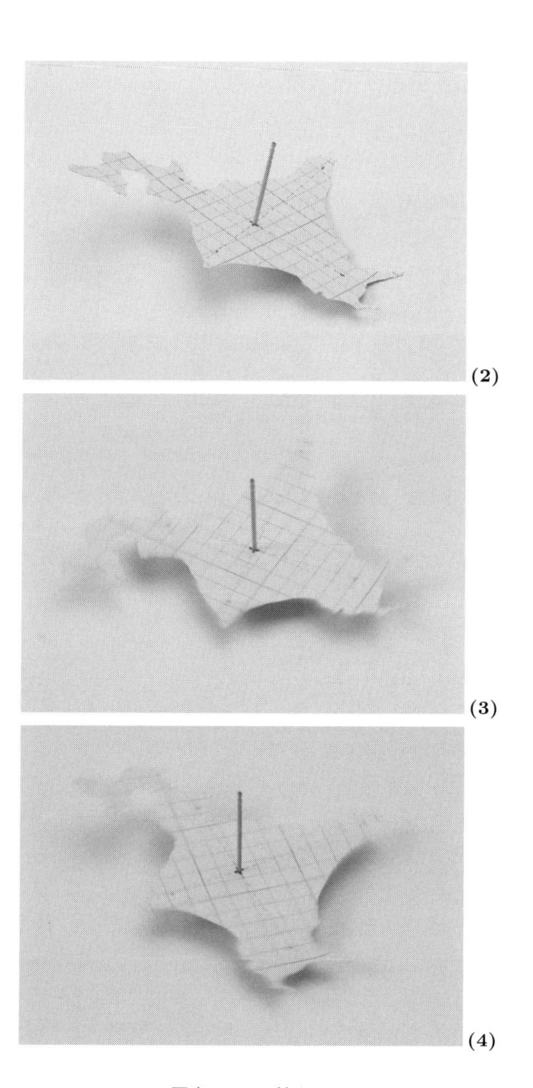

写真 0.23 (続き)

平面図形の重心が図形内部にあるとき，重心を回転中心にするとその図形はコマになる．北海道本島の重心は，小樽と屈斜路湖，宗谷岬と襟裳岬をそれぞれ結んだ線分の交点で，十勝岳付近である (写真 0.23 (1))．そこに爪楊枝を刺すと，綺麗に回るコマになる (写真 0.23 (2)～(4))．

12.　逆立ちして回るコイン (第 2 章)

(a)

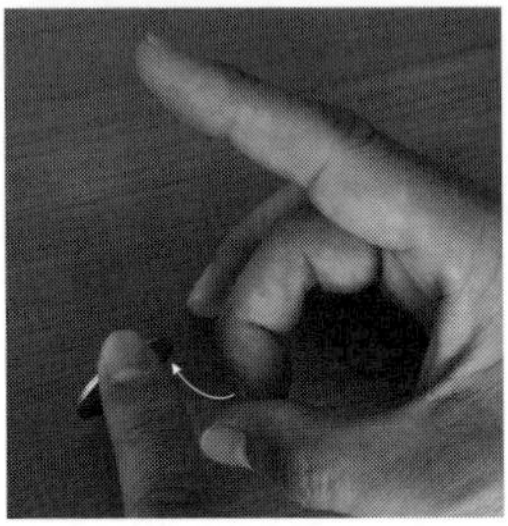

(b)

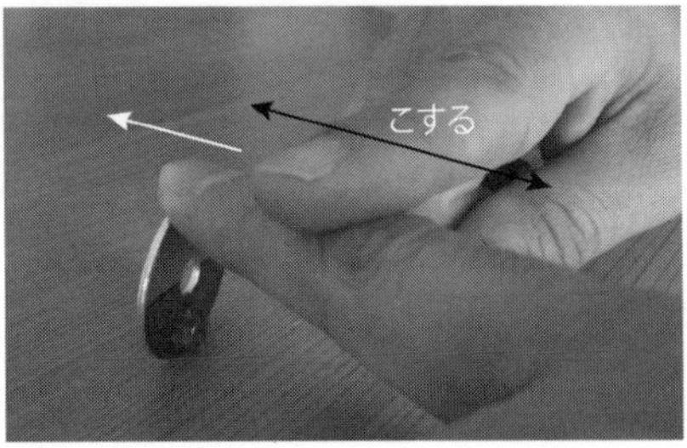

(c)

写真 0.24　(a) 小さなナット付き円板. (b) 円板の普通のはじき方 (芸がない). (c) マジック（！）の方法.《1》円板を立てて左手の人差し指で押さえる.《2》右人差し指で「黒い矢印」のように左人差し指を何回かこする.「10 回くらいこすって指をよーく温めるといいかなぁ」なんて言いながら. そして「白い矢印」の方向に放つ.《3》あれれ, 放った右人差し指は円板に触れてないのに円板は回り出す. (トリックの答えは第 2 章で.)　カラー版：(a)(b) は口絵 v ページ, (c) は口絵 vi ページ.

「逆立ちについて考えているのですがどう思いますか？」と聞かれたら,「いやいやすみません, 逆立ちは最近ご縁がなくて…」と及び腰になって, 小さい頃はできたのだけどな, と勝手に回想しはじめる. 逆立ちに加えて回転もしなければならないとなると, ははぁーと, お奉行様に白州(しらす)で頭を下げて謝る泥棒の如く平身低頭, もう勘弁してくださいという気分になる. 何もあなたが逆立ちして回転せよといっているわけではないのだが, 逆立ちと聞くと, 何の逆立ちか, 何を逆立ちさせるのかわからなくても, きっとそれは不安定だろうと思い込む.

三角形というと普通は上に尖った三角形を思い描くのだろう. だから水泳選手の肉体は逆三角形だという比喩が成り立つ. 三角形の重心は下から三分の一の高さだから, 逆さにすると重心が上になって不安定な気がする.

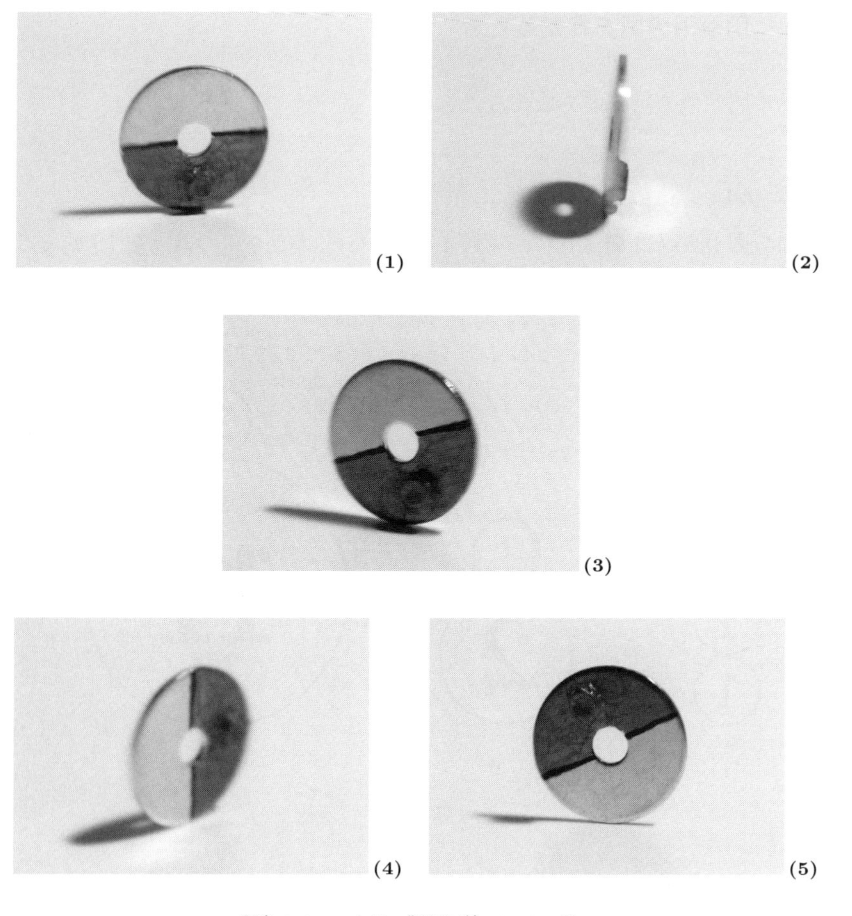

写真 0.25　カラー版は口絵 vii ページ.

円板 (丸座金) に小さなナットを貼り付けて，わかりやすいように，ナット側にマジックペンで色を塗る (写真 0.24 (a))．ナット側を下にして，写真 0.24 (b)(c) のように円板を指ではじいて回すと，ある瞬間から回転しながら逆立ちして，ナット側が上になって回転する．写真 0.25 (1)～(5) は番号順にその様子のスナップショットである．重心は上がるが，不安定な動きなのだろうか．

13. 円が円の周を転がるとき

ある円が他の円の周を転がることを考えよう.

問 0.4　以下の各問に答えよ.

(1) 図 0.26 (1) のように，半径 1 の円が同じ大きさの円の周を (すべることなく) 転がる. もとの位置に戻ってくるまで転がるとき，半径 1 の円は何回転するか.

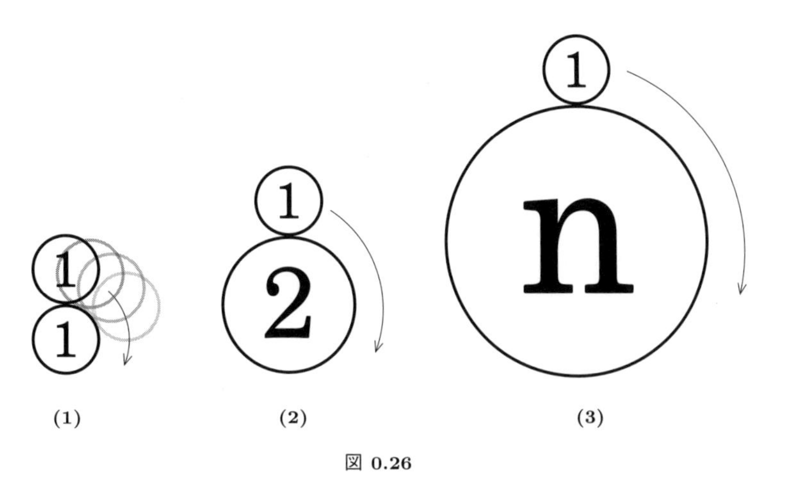

図 0.26

(2) 図 0.26 (2) のように，半径 1 の円が 2 倍の半径の円の周を (すべることなく) 転がる. もとの位置に戻ってくるまで転がるとき，半径 1 の円は何回転するか.

(3) 図 0.26 (3) のように，半径 1 の円が n 倍の半径の円の周を (すべることなく) 転がる. もとの位置に戻ってくるまで転がるとき，半径 1 の円は何回転するか.

答 0.4　半径 1 の円が他の円の周をすべることなく転がるとします. このとき，次のように**言いたくなります**.『同じ大きさの円の周を転がって一周すると 1 回転. 2 倍の半径の円の周を転がって一周すると，周の長さは 2 倍なのだから 2 回転．n 倍の半径の円の周を転がって一周すると，周の長さは n 倍なのだから n 回転.』

しかし！　実際に 1 円玉を 1 円玉の周に沿って転がしてみてください．半周した時点で 1 回転してしまいます.

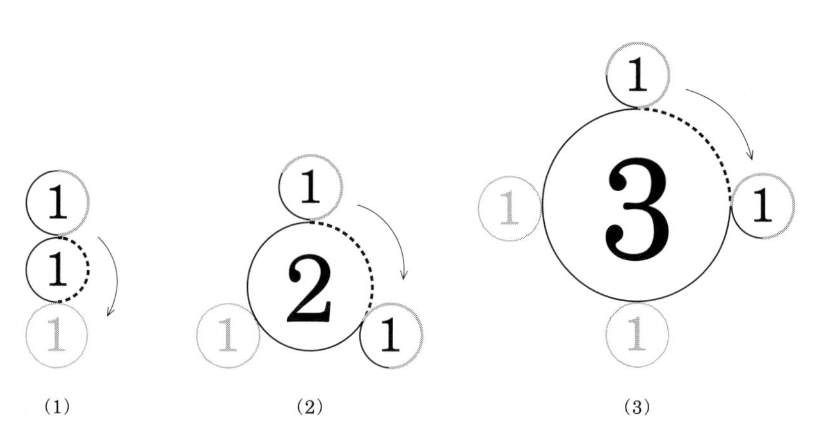

図 0.27

図 0.27 (1) のように，動かす 1 円玉の右半分の灰色の部分とちょうど同じ長さが破線の部分なので，灰色部分が破線部分に沿って (すべることなく) 転がると，半周で 1 回転することになります．だから，同じ大きさの円の周を (すべることなく) 転がって一周すると 2 回転となります.

では，半径を 2 倍にしたら 4 回転になるのでしょうか？　実は，図 0.27 (2) のように，半径が 2 倍の円の $\dfrac{1}{3}$ 周の時点でちょうど 1 回転します．だから 3 回転です.

半径を 3 倍にすると，図 0.27 (3) のように，半径が 3 倍の円の $\dfrac{1}{4}$ 周の時点でちょうど 1 回転します．だから 4 回転です.

一般に，半径が n 倍の円の周をすべることなく転がるとちょうど $n+1$ 回転することがわかります.

14.　円を転がすだけなのに

問 0.5　図 0.28 の説明は，おかしいに決まっているが，どこがおかしいのか．

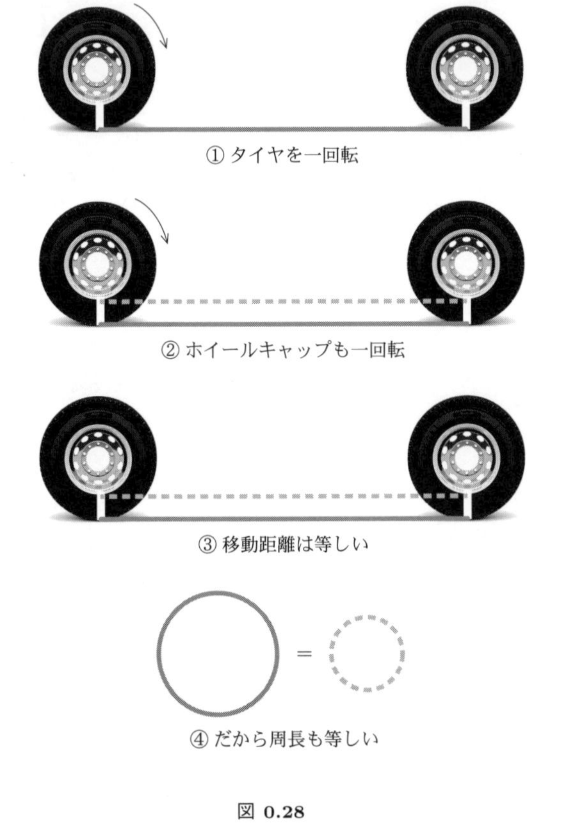

図 **0.28**

答 0.5　図 0.29 のように，中心 O，半径 OA の円をタイヤとし，OA 上の点 P を通る中心 O の円をホイールキャップとする．

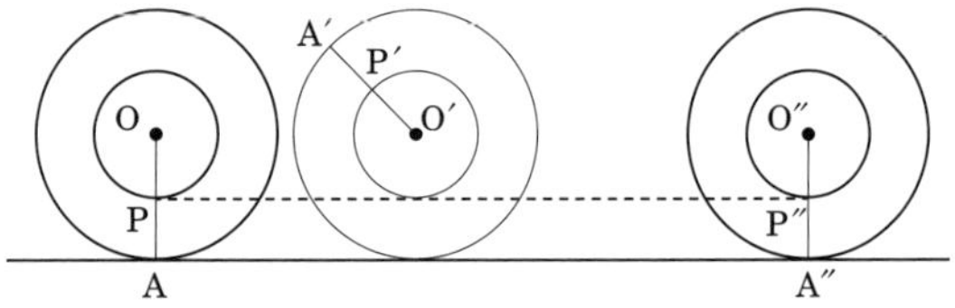

図 0.29

タイヤがすこし転がると，点 O, P, A はそれぞれ点 O′, P′, A′ に移動し，タイヤがちょうど一回転して，点 O″, P″, A″ にそれぞれ移動したとする．このとき AA″ = OO″ はタイヤの周長に等しい．同時に，点 P も点 P″ に移るから PP″ はホイールの周長になる．ところが PP″ = AA″ だから，ホイールの周長はタイヤの周長に等しいことになる．ホイールの点 P は OA 上のどこにとっても同じ話ができるだから，結局，任意の同心円の周長はすべて等しいことになる．このパラドックスを**アリストテレスの車輪**と呼ぶ．

おかしいに決まっているのだが，ちょっと返答に困る．次の実験をしてみる (図 0.30)．A さんは丸いお盆を「仮想道路を転がすように」ちょうど一回転分歩く．B さんは A さんのより小さい丸いお盆を「仮想道路を転がすように」ちょうど一回転分歩く．A さんより手前で止まるはずだ．

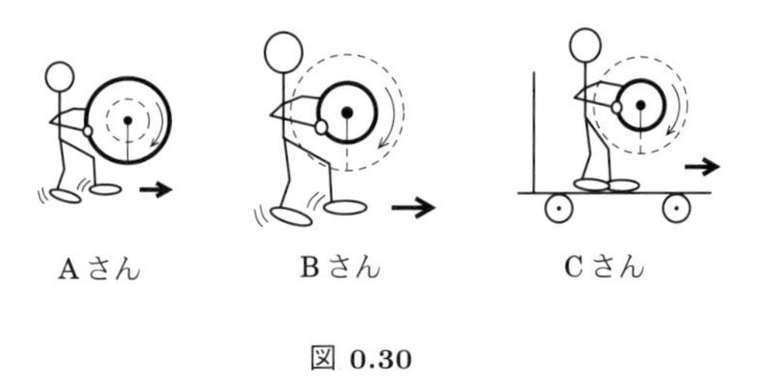

図 0.30

最後に C さんが B さんと同じお盆を B さんと同じ回転速度でちょうど一回転するように歩かないで回す．ただし，台車の上に乗って，その台車はちょうど一回転するときに A さんと同じ地点に着くように D さんに押してもらう．小さいお盆は動く歩道の上で回していることになる．

アリストテレスの車輪もこれと同じ理屈といえる．(これでも納得できない人は多いだろうけど．)

15. 空き缶をストローでフー

本章第 7 節で，風を曲げて火を消す実験をした．本節では，ものに沿って風が曲がる性質を使った，直観に反する空き缶転がし遊びについて紹介しよう．円筒状の軽いものに，ストローでフーっと息を吹きかけるだけの簡単な実験である．

準備 0.6　円筒状の軽いもの (空き缶，トイレットペーパー，ラップの芯，ペットボトル，縁のないプラコップ，縁のある紙コップなど)，ストロー．

実験 0.6　(1) 空き缶を横にしてストローでフーッと息を吹く．このとき図 0.31 (a) のように図 0.31 (b) の×印の部分，すなわち「中心から少し左にずれた部分に真上から」フーっとする．

(2) 空き缶のほか，トイレットペーパーやラップの芯，ペットボトル，縁のないプラコップ，縁のある紙コップ，などなど，転がりそうな円筒状のいろいろなものにフーっとする (図 0.32 (a)〜(d))．

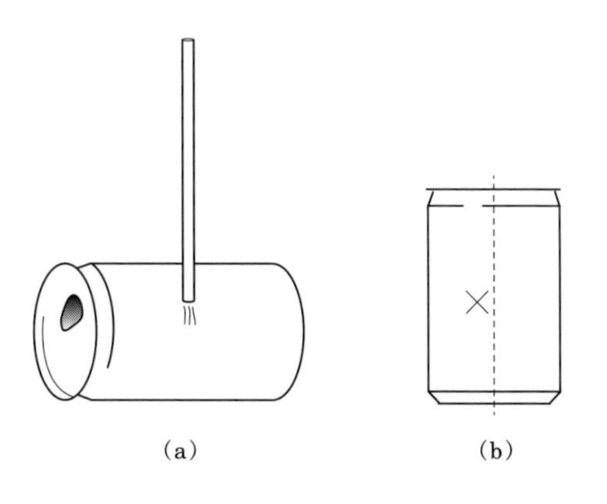

図 0.31

いろいろなものにフーっとすると，左に転がるものと右に転がるものがでてくる．状況を整理しよう．

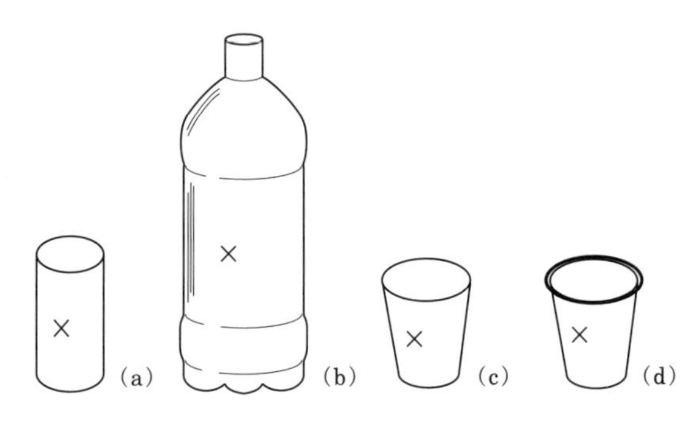

図 0.32

準備 0.7 円筒状の軽いもの，ストロー，輪ゴム，工作用紙くらいの厚さの丸い紙.

実験 0.7 空き缶にフー (図 0.33 (a))，空き缶に輪ゴムをかけてフー (図 0.33 (b))，空き缶に工作用紙で車輪をつけてフー (図 0.33 (c)). 空き缶はそれぞれ A～F のどちらに転がるか. また，その理由は？

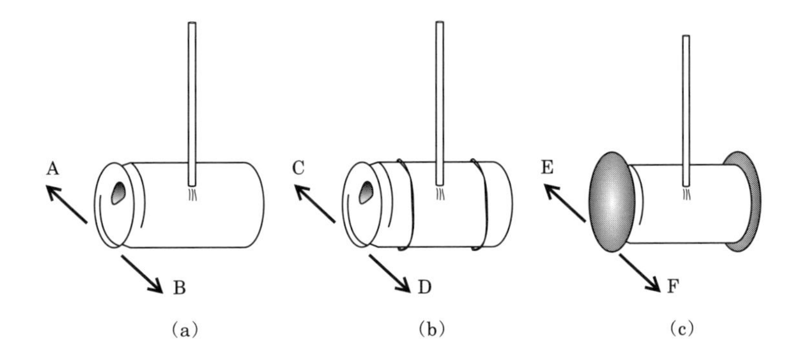

図 0.33

不思議ですねぇ.「なぞ」ですねぇ.

16.　空き缶キッス

実験 0.7 (31 ページ) において，図 0.33 (a) と (b)(c) では転がる方向が逆になったはずだ．その違いの理由を探ろう．

次の実験は有名である．

準備 0.8　紙，ストロー (なくてもよい)．

実験 0.8 (**風で飛ばない紙**)　図 0.34 (a) のように紙を二つ折りにして，あるいは図 0.34 (b) のように紙を山折り 2 箇所，谷折り 2 箇所に折って山を作る．山の下の隙間に，ストロー，あるいは口をすぼめて息を強く吹く．紙を飛ばすつもりで．果たして紙を飛ばすことはできるか．

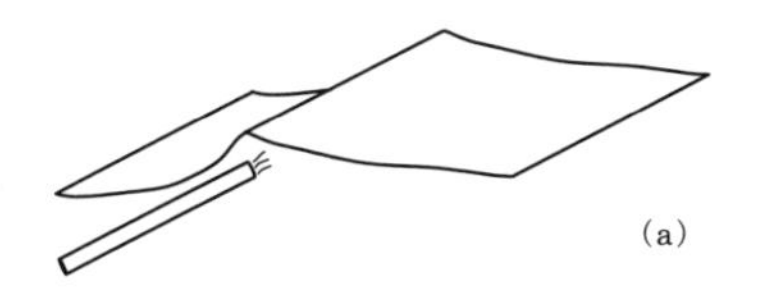

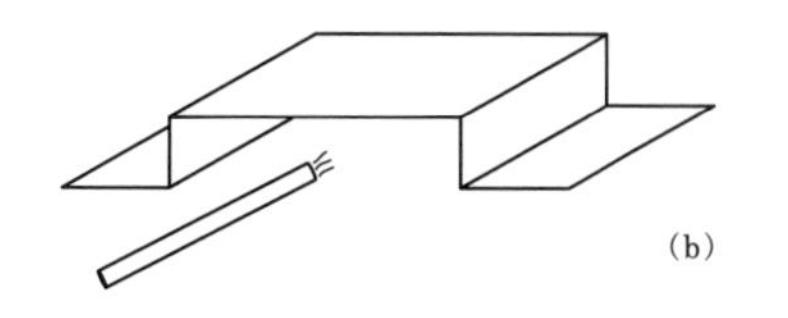

図 0.34

同じ理屈で次の実験も面白い．

準備 0.9　空き缶 2 本，ストロー (なくてもよいが，あった方がやりやすい)．

実験 0.9 (**空き缶キッス**)　図 0.35 のように二つの缶を少し隙間を空けておき，隙間にストロー，あるいは口をすぼめて息を強く吹く．二つの缶はどのように動くか．(音がなったら上手くいった証拠．)

この二つの実験は，実験 0.7 (31 ページ) の「なぞ」を解明する理由になるのだろうか．

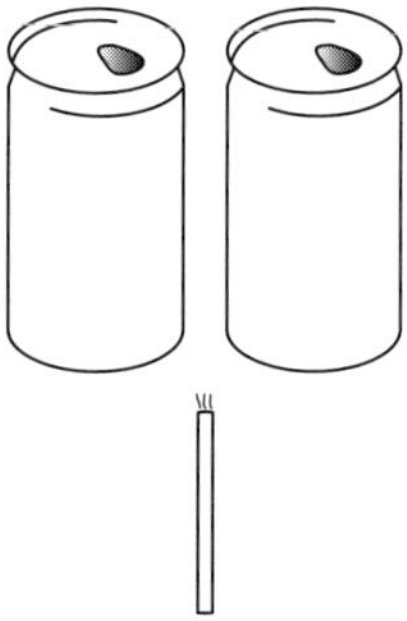

図 0.35

実験 0.2 (14 ページ) と実験 0.7 の現象はコアンダ効果によるもの，実験 0.8 と実験 0.9 の現象はベルヌーイの定理として説明がつくものとして，それぞれ流体力学ではよく知られている．最近は，コアンダ効果を取り入れたと宣伝しているドライヤーもありますね．コアンダ効果とは，風はものに沿って曲がる性質があるというもの．例えば，流れの本 [20] ではたくさんの実験を紹介しているが,「なぞ」もコアンダ効果で説明している．

ベルヌーイの定理は，係数を除けば，圧力と速度の大きさの 2 乗の和は一定であるというもの．実験 0.8 で，紙の下に強く息を吹きかけると，空気の速度が上がるから，ベルヌーイの定理から圧力が下がり，大気圧よりも小さくなって，紙がへこんで飛ばなくなる．飛ばそうと思ってもっと強く息を吹きかけると，もっと圧力が下がって逆効果になるという実験である．また，実験 0.9 も同様で，空き缶の間に強く息を吹きかけると，ベルヌーイの定理から圧力が下がって，大気圧よりも小さくなって，空き缶が引っ付くように見えるが，実は空き缶は周囲の大気圧によって押されてくっついたといえる．(空き缶キッスと書いたが，こうなると空き缶同士は積極的だったのかどうか微妙 (^o^))

理由はともあれ，ストロー一本で見えない空気の流れを操って，さまざまに不思議な現象を引き起こすことは爽快な実験ですね．

17.　5 円玉の穴に入る月

5 円玉を持って腕を伸ばすと，5 円玉の穴の中に月がちょうど入る．写真 0.36 はそんな撮影である．左下に映っているのは街灯．

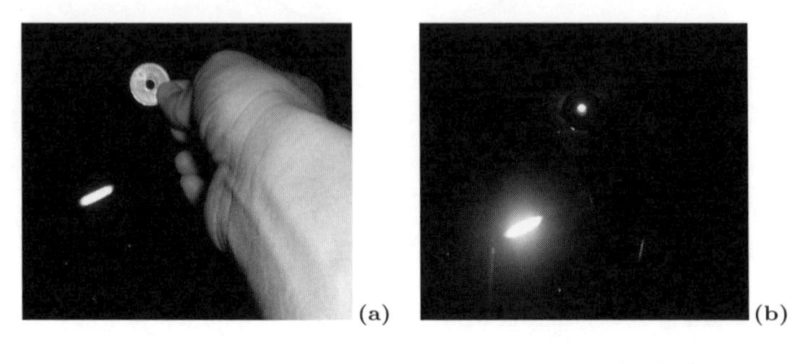

写真 0.36　(a) フラッシュ付き撮影，(b) フラッシュ無し撮影．

腕を伸ばすとだいたい 55cm である．5 円玉の穴は 5mm で，伸ばした腕の先の 5 円玉の穴に月が入る．図 0.37 にその関係を図示した．

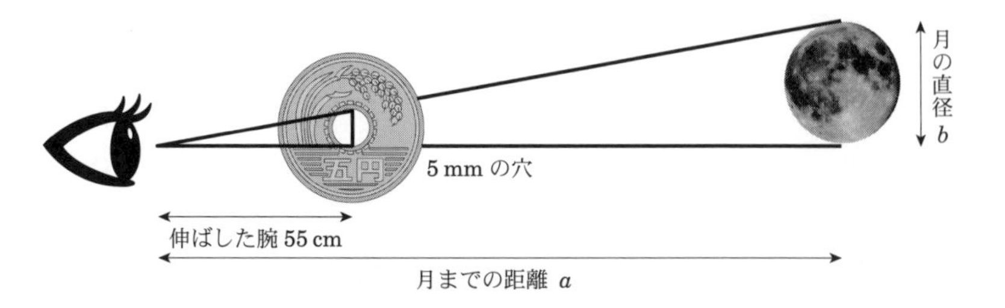

図 0.37　月の写真は [57] からダウンロード．

月までの距離を a とし，月の直径を b とする．もし，月が穴いっぱいの大きさ (穴の径 5mm の 100%) になったならば，三角形の相似から，

$$\frac{a}{b} = \frac{55\,\mathrm{cm}}{5\,\mathrm{mm}\ の\ 100\%}$$

という関係である．月までの距離 a はおよそ 38 万 km なので，月の直径 b はおよそ 3454km となる．『理科年表プレミアム [25]』の「太陽，惑星および月

定数表 (2019 年)」の項によると，月の赤道半径は 1737.4km だから，直径をその倍の 3474.8km とすれば，結構近い値である．

写真 0.36 においては，目測で穴の 95～98%を月が占めていたから，

$$a = \frac{55\,\mathrm{cm}}{5\,\mathrm{mm}\ の\ (98 \sim 95)\%} b$$

である．よって，$b = 3474.8$ とすると $a = 390029 \sim 402345$ となる．

図 0.38 は国立天文台がウェブ上で発表している図である．この図は国立天文台のホームページ [24] から,「天文情報 ▶ ほしぞら情報 ▶ ほしぞら情報一覧 ▶ 2018 年 1 月 ▶2018 年最大の満月 (2018 年 1 月)」のように辿ると見られる．

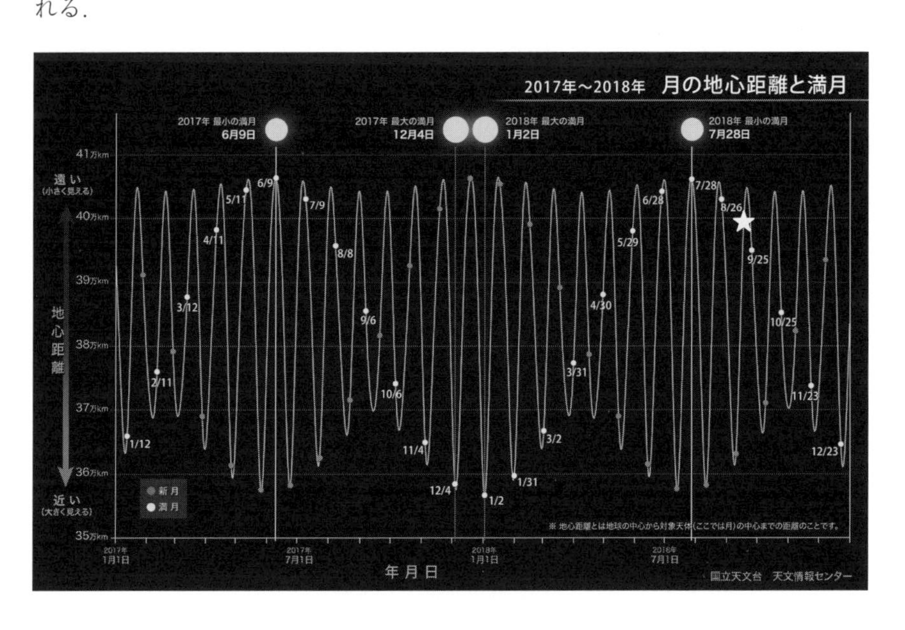

図 **0.38**　☆は 9 月 22 日付近か？　国立天文台のホームページ [24] から引用．

上の計算は，きわめて大雑把なものであるが，その割りには精度はよかった．実際，写真 0.36 の撮影日は 2018 年 9 月 22 日で，図 0.38 の該当する☆付近は地心距離が 39～40 万 km だから，およそ a の値に対応している．

18.　大きなのっぽの古時計の高さは？　(本章第 10 節)

問 0.6　古時計の高さはどのくらいなのだろうか.

素朴な振り子の実験　振り子の運動に必要なデータは,「周期 T (s), 振り子の長さ l (m), 錘の重さ M (kg), 重力加速度 g (m/s^2)」の四つである. これらがベキ乗の積の形 $T^a l^b M^c g^d = C$ (無次元量) で組み合わされている. これより, $[\mathrm{s}]^a[\mathrm{m}]^b[\mathrm{kg}]^c[\mathrm{m/s^2}]^d = [1]$ を解いて, $a-2d=b+d=c=0$ から $a=1$, $d=\frac{1}{2}$, $b=-\frac{1}{2}$, $c=0$ を得る. よって, $T\sqrt{\frac{g}{l}}=C$ となる. すなわち, 周期と振り子の長さの関係を得る.

$$T^2 = kl \qquad \left(k=\frac{C^2}{g}\right) \tag{0.1}$$

このように次元 (単位) の相互関係だけで値を見積もる解析を次元解析と呼ぶ. 次元解析については本章第 10 節や, 拙著『実験数学読本 [64]』の第 0.7 節や第 8 章などを参照.

準備 0.10　(たこ糸や焼き豚用のような) ひも, 錘 (例えば, 大きめのナット). ひもに, 錘から長さ 25cm と 1m の位置に印をつける (写真 0.39).

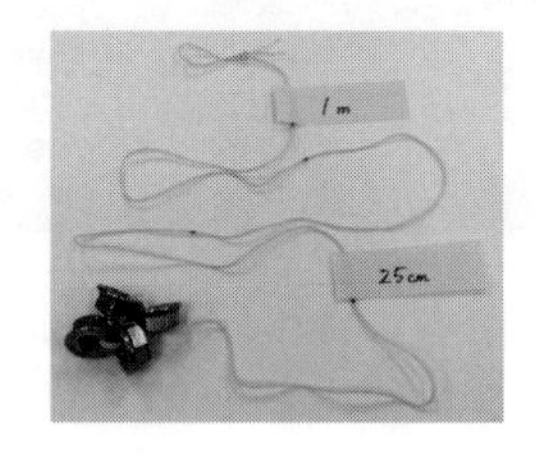

写真 0.39　カラー版は口絵 xvi ページ.

実験 0.10　(1) ひもの 25cm の位置をつまんで, 錘を振って, 振り子の 1 周期 (往復) の時間を測る. 例えば 10 周期を測定し, 結果を 10 で割って 1 周期を算出するとよい．

(2) ひもの 1m の位置をつまんで，(1) と同じことをする．

(3) (1)(2) の結果から，(0.1) の k の値を推定する．

答 0.6　$l = 0.25$ (m) から $T \approx 1$ (秒) を，$l = 1$ (m) から $T \approx 2$ (秒) を得るだろう．これより，$k = 4$ を得る．よって，古時計の振り子の 1 周期をわかりやすく 2 秒とすると，$l = 1$ だから高さは 1m となる．時計，台座，飾りの部分を合わせると，古時計全体としては 2m 弱だろう．「大きなのっぽの古時計」の高さの見積もりとしては妥当なところではないだろうか．

注意 0.3　振り子の (鉛直下向きからの) 振れの角度 $\theta(t)$ が小さいとき，運動方程式は $\dfrac{d^2\theta}{dt^2} = \dfrac{g}{l}\theta$ となることが知られている．これを解くと 1 周期 $T = 2\pi\sqrt{\dfrac{l}{g}}$ を得る．したがって $C = 2\pi$ となるので，$g = 9.8$ から $k = \dfrac{C^2}{g} = 4.0284\cdots$ を得る．上の実験から推定された $k = 4$ は悪くない精度！

「微分」の考えを使うと，ひもの長さの相対誤差から周期の相対誤差がわかる．$T(l) = C\sqrt{\dfrac{l}{g}}$ のように T を l の関数とみると，

$$\frac{dT}{T} = \frac{C}{2T}\frac{1}{\sqrt{gl}}dl = \frac{1}{2}\sqrt{\frac{g}{l}}\frac{1}{\sqrt{gl}}dl = \frac{1}{2}\frac{dl}{l}$$

となる．よって，$\left|\dfrac{dT}{T}\right| = \dfrac{1}{2}\left|\dfrac{dl}{l}\right|$ を得る．例えば，(重心からの距離が) 25cm のひもの位置が 1cm ずれていたとすると相対誤差は $\left|\dfrac{dl}{l}\right| = \dfrac{1}{25} = 4\%$ なので，周期にはその半分の $\left|\dfrac{dT}{T}\right| = 2\%$ 程度の相対誤差が見込まれることになる．0.02 秒 (1 秒の 2%) の誤差は測れないから，多少位置がずれてもまったく問題ないことがわかる．(むしろ手で振り子を持って 10 周期を測る誤差の方が大きいだろう．)　だからこの実験は結構うまくいくのである．

19.　畳を敷き詰めよう

図 0.40 (1) のような正方形 4×4 マスの部屋があって，そこにタタミ (灰色の長方形) を敷き詰めることを考えよう．ただし，タタミ 1 畳(じょう)は正方形 2 マス分です．うまく敷き詰められるかな？

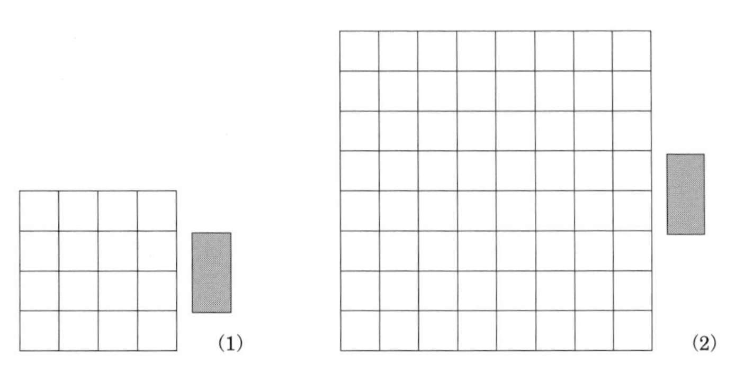

図 0.40　タタミ (灰色の長方形，正方形 2 マス分) を敷き詰めよう．

例えば，図 0.41 (1) のように敷き詰められますね．図 0.40 (2) のような正方形 8×8 マスの部屋でも，図 0.41 (2) のように敷き詰められますね．

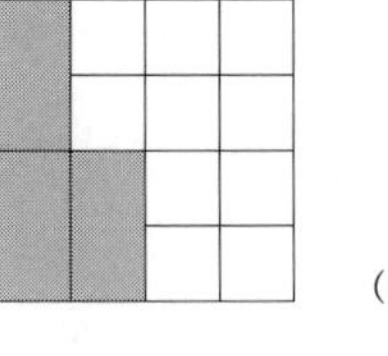

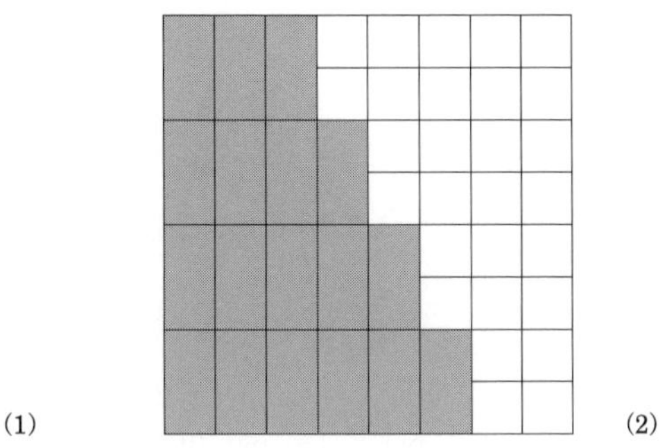

図 0.41　(1) は 8 畳，(2) は 32 畳．

問 0.7　図 0.42 (1) のように正方形 14 マスの部屋にタタミを敷き詰められるでしょうか．あれこれ試せばできるかな？　では，図 0.42 (2) のような正方形 1022 マスの部屋ではどうでしょうか.

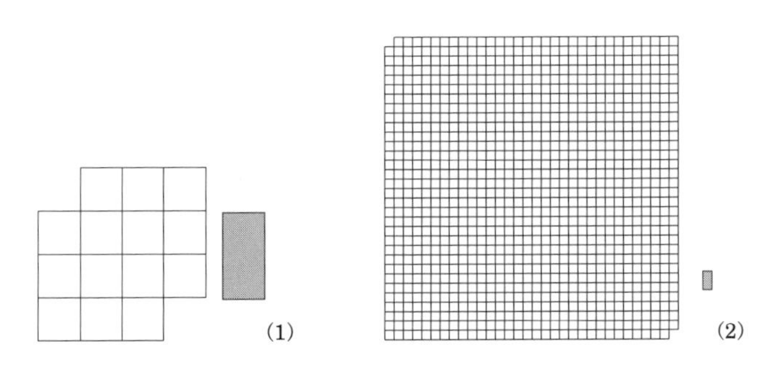

図 0.42

こうなると，もはやあれこれ試すことは大変！

答 0.7　図 0.43 のように，図 0.42 のマスを市松模様に色付けします．タタミ 1 畳は，縦に置いても横に置いても，黒と白の正方形を 1 枚ずつ使います．だからもし敷き詰められたら，黒と白の正方形が同じ数だけなければなりません．ところが，図 0.43 の (1) も (2) も白の正方形は黒の正方形より 2 枚少ない．このことから敷き詰めることはできないという「不可能性」が数学的にわかるのです．

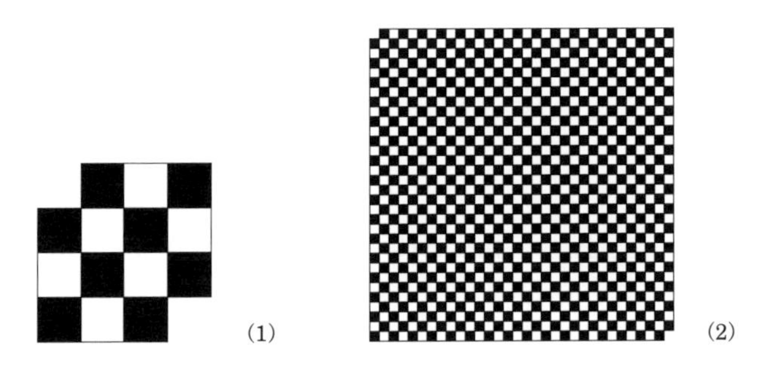

図 0.43

20.　0.MATHMATHMATHMATH···

通常使っている 10 進法では 0〜9 の 10 文字で数を表現する．一般に 2 進法では 0 と 1 の 2 文字で，16 進法では 0〜9 の 10 文字にアルファベットの A〜F を加えた 16 文字でそれぞれ数を表現する．同様に 30 進法では 0〜9 の 10 文字に A〜T を加えた 30 文字で数を表現するとしよう．

n を 2 以上の整数として n 進法による数 a を $(a)_n$ と書くことにする．

問 0.8　$(a)_{30} = \dfrac{603887}{809999}$ となる a を求めよ．(ヒント：$30^4 = 810000$)

問 0.8 を解く前に，いくつか例を挙げよう．以下では，10 進法の記法を流用して，$(0.x)_n = \left(\dfrac{x}{10}\right)_n$, $(0.0y)_n = \left(\dfrac{y}{10^2}\right)_n$ などと書くことにする．

例 0.1　$(0.111\cdots)_2$ は 10 進法の 1 である．

$$(0.111\cdots)_2 = \left(\frac{1}{10} + \frac{1}{10^2} + \frac{1}{10^3} + \cdots\right)_2 = \frac{1}{2} + \frac{1}{2^2} + \frac{1}{2^3} + \cdots = 1$$

例 0.2　$(0.\mathrm{ABC})_{16}$ は 10 進法の $\dfrac{687}{1024}$ である．

$$(0.\mathrm{ABC})_{16} = \left(\frac{\mathrm{A}}{10} + \frac{\mathrm{B}}{10^2} + \frac{\mathrm{C}}{10^3}\right)_{16} = \frac{10}{16} + \frac{11}{16^2} + \frac{12}{16^3} = \frac{687}{1024}$$

例 0.3　$(0.\mathrm{ABCABC}\cdots)_{16}$ は 10 進法の $\dfrac{916}{1365}$ である．

$$\begin{aligned}(0.\mathrm{ABCABC}\cdots)_{16} &= \frac{10}{16} + \frac{11}{16^2} + \frac{12}{16^3} + \frac{10}{16^4} + \frac{11}{16^5} + \frac{12}{16^6} + \cdots \\ &= \left(\frac{10}{16} + \frac{11}{16^2} + \frac{12}{16^3}\right)(1 + r + r^2 + \cdots) \qquad \left(r = \frac{1}{16^3}\right) \\ &= \left(\frac{10}{16} + \frac{11}{16^2} + \frac{12}{16^3}\right)\frac{1}{1-r} = \frac{916}{1365}\end{aligned}$$

答 0.8　ヒントから $\dfrac{603887}{809999} = \dfrac{603887}{30^4 - 1}$ である．分子を 30 進法で表すと，

$$
\begin{array}{r l}
30 \,\underline{)\ 603887} & \\
30 \,\underline{)\ 20129} & \cdots\ 17 \\
30 \,\underline{)\ 670} & \cdots\ 29 \\
30 \,\underline{)\ 22} & \cdots\ 10 \\
0 & \cdots\ 22
\end{array}
$$

より，

$$603887 = 22 \cdot 30^3 + 10 \cdot 30^2 + 29 \cdot 30 + 17 = (\mathrm{MATH})_{30}$$

となる．これより，

$$
\begin{aligned}
\frac{603887}{809999} &= \frac{(\mathrm{MATH})_{30}}{30^4 - 1} = (\mathrm{MATH})_{30}\,\frac{r}{1-r} \qquad \left(r = \frac{1}{30^4}\right) \\
&= (\mathrm{MATH})_{30}\, r\,(1 + r + r^2 + \cdots) \\
&= (\mathrm{MATH})_{30} \left(\frac{1}{10^4}\right)_{30} \left(1 + \frac{1}{10^4} + \frac{1}{10^8} \cdots\right)_{30} \\
&= (0.\mathrm{MATH})_{30} \left(1 + \frac{1}{10^4} + \frac{1}{10^8} \cdots\right)_{30} \\
&= (0.\mathrm{MATHMATHMATHMATH}\cdots)_{30}
\end{aligned}
$$

●──○○進法を自由に作ろう！

20 個の数字 0〜19 に小文字のアルファベットの最初の 20 文字 a〜t を対応させて数を表現する 20 進法を考える．例えば,「like」や「いいね」は次のような表現になる．

$$(\mathrm{like})_{20} = 11 \cdot 20^3 + 8 \cdot 20^2 + 10 \cdot 20 + 4 = 91404$$

$$(\mathrm{iine})_{20} = 8 \cdot 20^3 + 8 \cdot 20^2 + 13 \cdot 20 + 4 = 67464$$

問 0.9　$(X)_{20} = 96387$ となる X を求めよ．(答えは 43 ページ．)

21.　17 段の不思議 (第 11 章)

インターネットで「17 段目の不思議」と検索すると，いくつかの記事が見つかります．高校数学の『数学活用 [37]』にも記載されているくらいだから有名な話題なのでしょう．筆者は遅ればせながら 2，3 年前に知って，実際に計算してみて「おぉー」となりました．自分が「おぉー」となるとすぐに人に試したくなって，小学生から大人まで会う人みなに出題し，みな「おぉー」となってくれました．こうして自信を深めて (何の自信だ？)，読者のみなさんにも周知したくなり，本節を書いたわけです．しかし，単に知られている「17 段目の不思議」を書いても面白くないので (知っている読者もいるでしょうし)，18 段目以降の計算や，この計算の原理についても考えてみました．これが意外に面白い考察になりました．なんとあのフィボナッチやラグランジュにまで遡る深い話しに繋がっていたのです．

ともあれ，知っている人も知らない人も「17 段目の不思議」の計算をまずはやってみましょう．

◉──「17 段目の不思議」の計算

以下の手順で表の空欄に 1 桁の数を埋めていく．

手順 1　表 0.2 (a) や表 0.2 (b) のような 17 段の表を用意する．列数は任意でよいが，1 列だと得られる結果がよくわからないので，3 列，5 列，あるいは 10 列くらい用意しておくとインパクトのある結果になる．

手順 2　2 段目にあらかじめ 1 桁の数を入れておく．例えば表 0.2 (a) では「5」を三つ書いた．5 以外の同じ数を並べてもよい．また，表 0.2 (b) のような数の並べ方でもよい．(これは意味のある並びなので，このまま鵜呑みに書くとよい．)

手順 3　1 段目の各マスに 1 桁の数を一つずつ書く．(表 0.2 (b) の場合は同じ数字でもかまわない．)

手順 4　縦の各列について，1 段目の数と 2 段目の数の和を 3 段目に書く．ただし，繰り上がった場合は，**1 の位の数のみ**を 3 段目に書く．

表 0.2

1			
2	**5**	**5**	**5**
3			
4			
5			
6			
7			
8			
9			
10			
11			
12			
13			
14			
15			
16			
17			

(a)

1										
2	**0**	**3**	**6**	**9**	**2**	**5**	**8**	**1**	**4**	**7**
3										
4										
5										
6										
7										
8										
9										
10										
11										
12										
13										
14										
15										
16										
17										

(b)

手順 5　以後同様に 17 段目まで，前の二つの段の数の和を書く．ただし，繰り上がった場合は，**1 の位の数のみ**を書く．

さて結果は…．不思議？　びっくり？　表 0.2 (a) と表 0.2 (b) のどちらにおいても，17 段目の数の並びは特徴的になったであろう．なぜか．(実際に計算した人のみ第 11 章に進む．)

答 0.9　(問 0.9 (41 ページ) の答え)　$96387 = (\mathrm{math})_{20}$

22.　面積が増えたり減ったり (第 11.8 節)

図 0.44 (1) のように，8×8 のマス目が書かれた正方形に黒線を描き，(2) のように黒線に沿って切り取って並べ変える．あれれ!?　面積が増えた！

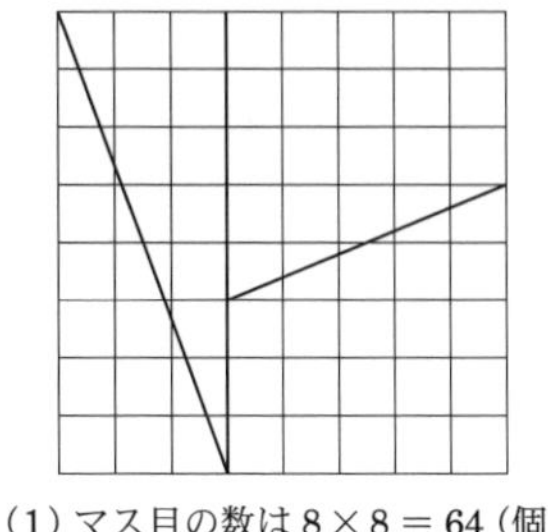

(1) マス目の数は $8 \times 8 = 64$ (個)

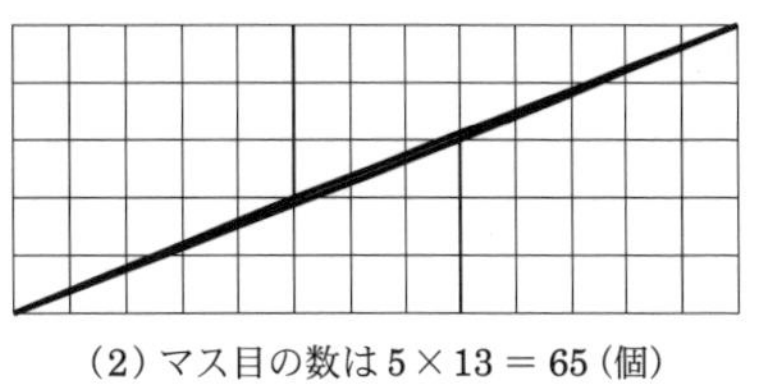

(2) マス目の数は $5 \times 13 = 65$ (個)

図 0.44　(1) → (2) の操作で面積が増えた！

図 0.45 (1) のように，13×13 のマス目が書かれた正方形に黒線を描き，(2) のように黒線に沿って切り取って並べ変える．あれれ!?　面積が減った！

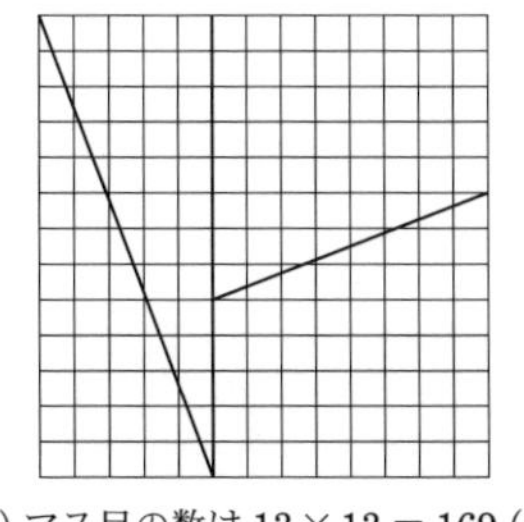

(1) マス目の数は $13 \times 13 = 169$ (個)

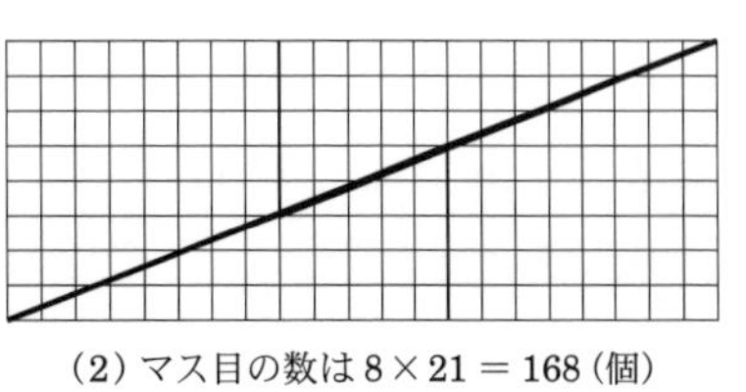

(2) マス目の数は $8 \times 21 = 168$ (個)

図 0.45　(1) → (2) の操作で面積が減った！

問 0.10　なぜでしょう？　実際に図 0.44 や図 0.45 の (1) を工作用紙で作成し，黒線に沿って切り取り，各図の (2) のように並べ変えて確認してみよう．

答 0.10　もちろん，何かがおかしいわけであるが，工作用紙などで作ると，紙を切り取るときの誤差などから，種明かしのトリックがぼやけてしまう．そこで，マス目の数が少ない場合を考えてみる．

図 0.46 のような 3×3 のマス目の場合，(2) は 1 マス分不足している．

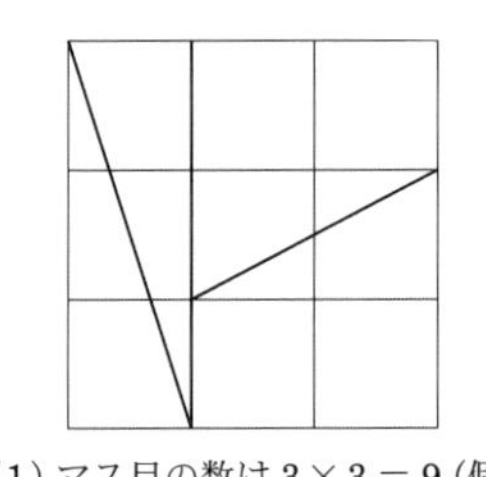

（1）マス目の数は $3 \times 3 = 9$（個）

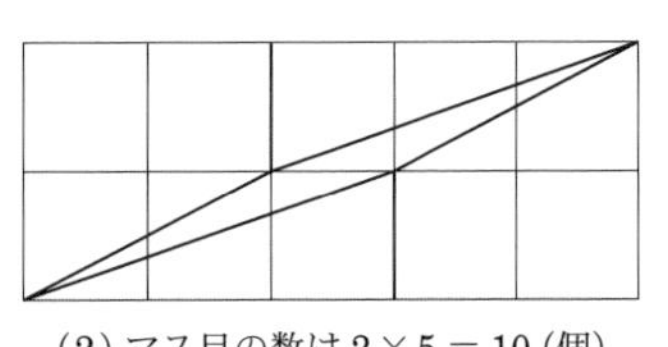

（2）マス目の数は $2 \times 5 = 10$（個）

図 0.46　(1) → (2) の操作で明らかに 1 マス分の不足がみられる．

図 0.47 のような 5×5 のマス目の場合，(2) は 1 マス分重複している．

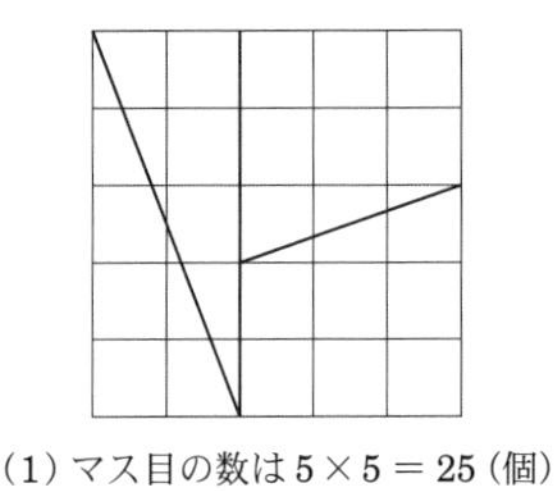

（1）マス目の数は $5 \times 5 = 25$（個）

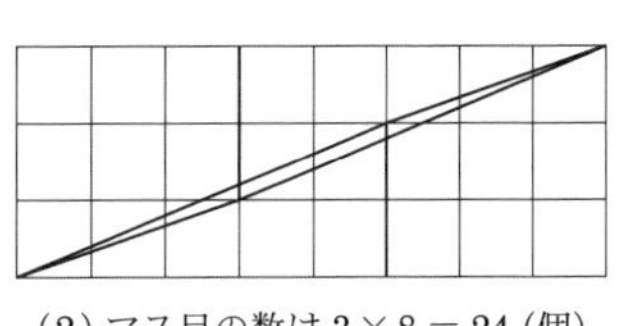

（2）マス目の数は $3 \times 8 = 24$（個）

図 0.47　(1) → (2) の操作で明らかに 1 マス分の重複がみられる．

図 0.44 や図 0.45 は，マス目が小さいので，一見すると，各図の (1) → (2) の操作に問題はなさそうに思われる．しかし，図 0.44 (2) の直角三角形 (左下) と台形 (右下) の斜辺の傾きは，それぞれ $\dfrac{3}{8} = 0.375$ と $\dfrac{2}{5} = 0.4$ で，図 0.45 (2) のそれらは，それぞれ $\dfrac{5}{13} = 0.3846\cdots$ と $\dfrac{3}{8} = 0.375$ である．つまり，直角三角形と台形の斜辺の傾きが，ほとんど同じに見えるところが，視覚のトリック．図 0.45 よりもマス目の数を多くすると …，続きは第 11.8 節．

23.　鬼は外，福は内

問 0.11　図 0.48 は，縦線と横線だけでつくった単純閉曲線で，線を辿っていくとどの線にもぶつからずに一周できる．この曲線で囲まれた部分が「内」で，ア，イ，ウのいずれかが「内」である．いま，鬼は「外」にいる．福をア，イ，ウのいずれかに配置して「内」にしたい．簡単にわかるか．

図 **0.48**　縦線と横線だけでつくった単純閉曲線 (ジョルダン曲線).

答 0.11　「外」の好きな場所から**ア**に向かって，(図 0.48 を構成する縦横線でない) 斜線を引き，**ア**に到達するまでに何回縦横線と交差したかを数えます．**イ**，**ウ**についても同様にします．図 0.49 の数は斜線との交差回数です．交差回数は斜線の引き方に依存しますが，回数の偶奇は定まります．

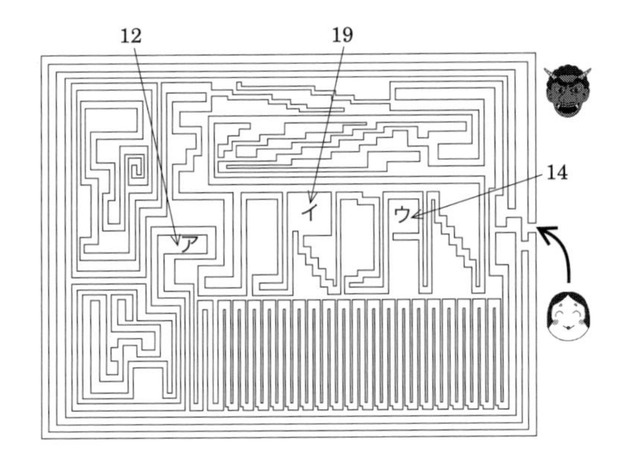

図 **0.49**

交差回数が奇数ならば「内」，偶数ならば「外」です．だから**イ**が「内」でした．実際,「内」に色を塗ると図 0.50 のようになります．

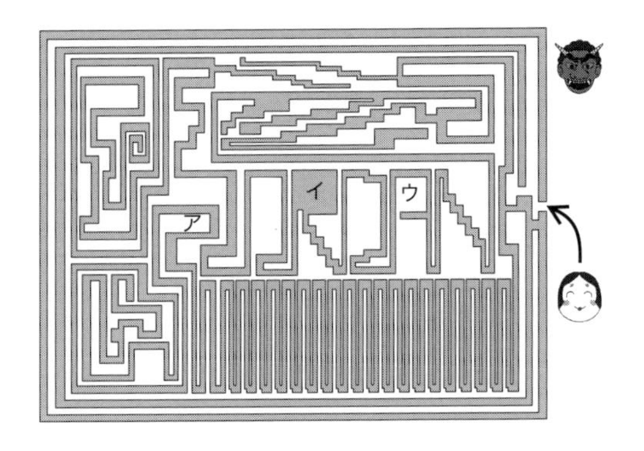

図 **0.50**　JORDAN (ジョルダン) の文字が見えるかな？

この交差回数のアイディアで，一般のジョルダン折れ線に対して内外判定を証明することができます．詳しくは [6, pp.274–277] をご覧ください．

24.　曽呂利新左衛門 (第 12 章)

「褒美を進ぜよう．所望のものはあるか？」

「はい，ございます．恐れながら，今日は米粒を一粒．明日は二粒，明後日は四粒，しあさっては四粒の倍の八粒，このようにして，将棋盤のマス目の日数だけ倍々計算で米粒をくださいまし」

「欲の少ない奴よのう．誠にそれでよいのじゃな」

「ははっ」

「わかった．では，さっそく米を一粒進ぜよう．ほれ，家来の者よ，こやつに米を一粒くれてやれ」

「ありがたき幸せに存じます」

このやりとりは豊臣秀吉と曽呂利新左衛門の問答として知られている．(たぶん作り話でしょう．) 将棋盤のマス目は 81 マスなので，もらえる米粒の総数は $1+2+2^2+\cdots+2^{80}=2^{81}-1$ 粒である．(話の真偽は不明．64 マスのチャトランガを使った同じ話がインドでもあったらしい．) この米粒の量がいかほどのものか，以下のように考察する．

一日一人で 3 合の米を食べるとしよう．すると一人で年間約 1000 合の米を食することになる．

$$1 \text{ 石} = 10 \text{ 斗} = 100 \text{ 升} = 1000 \text{ 合}$$

であるから，1 石は 1 人分の 1 年間の米の消費量といえる．したがって，有名な「加賀百万石」は，100 万人を 1 年間養えるだけの米の収穫があったことになる．さて，1 合 (180.39cm^3) に 1 万粒の米があるとすると，1 石は 10^7 粒の米に相当する．$2^{81}-1$ は一体何石になるだろうか？

◉── ガウス記号と桁数の計算

実数 x に対して，$[x]$ を x を超えない最大の整数とする．(ガウス記号と呼ばれる．) 例えば，$[\pi]=3$, $[100]=100$, $[99.99]=99$, $[0.4]=0$, $[-0.1]=-1$, $[-1.5]=-2$ である．$x>0$ ならば $[x]$ は x の整数部分に等しい．

ガウスの記号 $[x]$ は 1808 年にガウス [1] によって導入され，1962 年のアイバーソン [2] まで主たる記号として使われた．$[x]$ は，しばしば $\lfloor x \rfloor$ とも書かれ床関数 (floor function) と呼ばれる．また，実数 x 以上の最小の整数を表す関数を天井関数 (ceiling function) と呼び，$\lceil x \rceil$ と書くこともある．また，多くの文献で $[x]$ は $\lfloor x \rfloor$ の代わりに使われてきたが，他の意味に使うべきだという意見もある [3]．プログラミング言語では，$\operatorname{floor} x = \lfloor x \rfloor$, $\operatorname{ceil} x = \lceil x \rceil$(あるいは，$\operatorname{ceiling} x$) と書かれることが多い．床関数と天井関数をまとめると，以下のようになる．

$$[x] = \lfloor x \rfloor = \operatorname{floor} x = \max\{n \in \mathbb{Z};\ n \leqq x\}$$

$$\lceil x \rceil = \operatorname{ceil} x = \operatorname{ceiling} x = \min\{n \in \mathbb{Z};\ x \leqq n\}$$

天井関数とガウス記号は $\lceil x \rceil = -[-x]$ という関係にあるから，ガウス記号だけでも記号の不足はない．

さて，自然数 m に対して，

$$K(m) = [\log_{10} m] + 1 \tag{0.2}$$

と定義すると，$K(m)$ は m の桁数となる．実際，m を k 桁の数とすると，

$$10^{k-1} \leqq m \leqq \underbrace{99 \cdots 9}_{k\ \text{桁}} < 10^k$$

である．辺々の常用対数をとると，$k-1 \leqq \log_{10} m < k$ となる．よって，$k-1$ は $\log_{10} m$ を超えない最大の整数であるから，$k-1 = [\log_{10} m]$ が成り立ち，m の桁数は $[\log_{10} m] + 1$ となる．(第 12.1 節に続く．)

---

1) ドイツの数理科学者．Johann Carl Friedrich Gauss，1777–1855．ガウス記号の導入は論文 [47, (ラテン語からの英訳) pp.112–118] による．

2) カナダのコンピュータ科学者．Kenneth Eugene Iverson，1920–2004．床関数と天井関数の命名と記号の導入はアイバーソン [21, p.12] による．

3) 「床関数 $\lfloor x \rfloor$ と天井関数 $\lceil x \rceil$ の記号の対称性は見事であり，またアイバーソンの括弧 (Iverson Bracket) と競合するから，$[x]$ は床関数として使うべきでない．さらに，$[x]$ は $\lfloor x \rfloor$ と $\lceil x \rceil$ の中間的記号として自然であるので，x に最も近い整数を表すものとして使う」という流儀もある [61]．ここで，アイバーソンの括弧とは，命題 S に対して，S が偽ならば $[S] = 0$，S が真ならば $[S] = 1$ と定義される特性関数である．

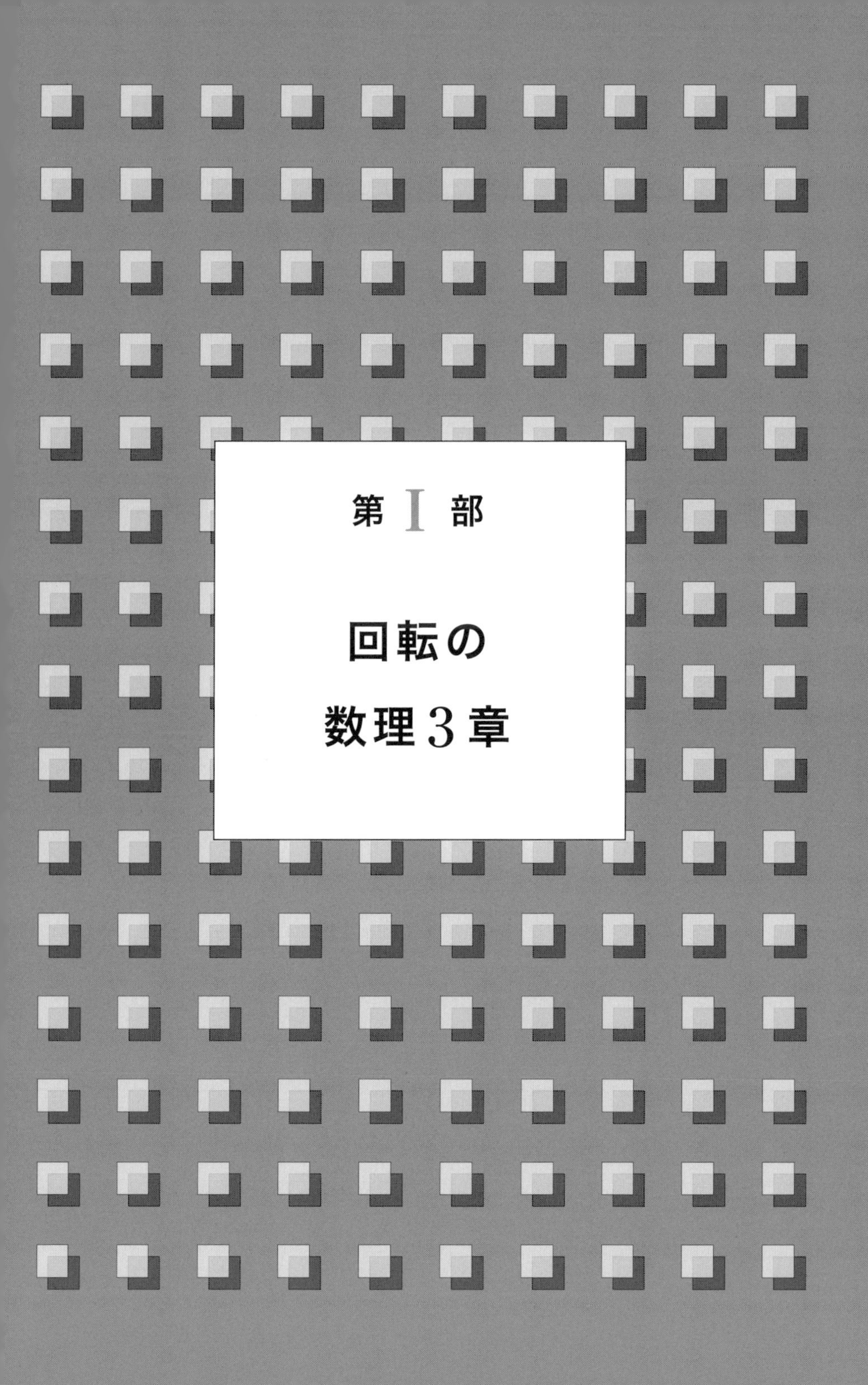

第 I 部

回転の数理3章

第1章

回れ北海道！

本章では，平面図形の重心を求めて，重心を回転の中心とする「コマ」を作る．ところで,「こま」とか「めんこ」とかいったら，その活字の印刷から昭和の香りが漂ってきそうである.「独楽」と書いたらもはや古書の匂いを感じる人もいるかもしれない．しかし，魅力あるおもちゃに古いも新しいもない．いまは「ベイブレード®」と名前を変えた現代風の「コマ」が子供たちの間で人気だ．そう，敢えてカタカナで「コマ」と書こう．おもちゃ博士の物理学者・戸田盛和氏の『コマの科学 [52]』では，コマはもちろん，ゆで卵，弾丸，地球など，回転するものできるものが次から次へと紹介される．いわばコース料理「コマ」を楽しむ本である．メインディッシュは逆立ちゴマだろうか．

コマの中でも投げゴマは動きがダイナミックで，コマ同士で戦えるし，高速回転すると色が変わって面白い．投げゴマを長時間立たせて楽しむには，ちゃんと回さないといけない．投げコマ初心者は，まずひもをコマ巻き付ける段階で手間取り，次に投げる段階でうまくいかない．コマは回らずに床の上を転がるばかりである．転がり方は実に多様で，遠くの方まで転がっていく場合や，ブーメランのように自分の方に戻ってくる場合もあって，体育館のような広いところで遊ぶとそれがよくわかって面白い．残念ながら一端投げゴマの方法をマスターしてしまうと，わざと転がすことができなくなる．今度はコマを転がすことが初心者にしかできない上級の技となる．だからコマは誰がやっても面白い．飛んで (投げて)，回って，移動して，転がってという遊びの要素がぎっちり詰まっている．その上，数理的にはコマの運動を理解することが非常に難しいからなお面白い．

本章からはじまる四つの章でコマを中心とした回るもの，回すものについて考える．理屈ともあれ，まずは回して遊ぼう！

1. 「回れ北海道！」(第 0.11 節) の続き

準備 1.1 北海道本島の形に切った工作用紙，セロハンテープ，糸，錘 (丸座金)，爪楊枝 (写真 1.1).

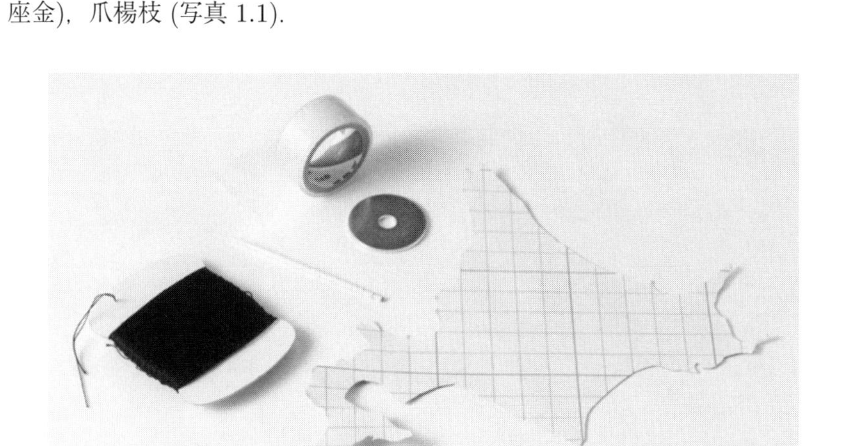

写真 1.1

実験 1.1 北海道本島のような複雑な形状の平面図形でも重心は求められる．まず糸の先に錘をつける．そして図形の境界付近にその糸をセロハンテープを小さく切って貼り付ける．糸で図形と錘を一度に吊して，糸のなす図形上の直線の二箇所に目印をつける．

写真 1.2 (a) (次ページ) の黒い X 印，宗谷岬と襟裳岬

同様にほかの場所で同じことをして目印を二箇所つける．

写真 1.2 (b) の白い X 印，小樽と屈斜路湖

それぞれの X 印を結んだ直線の交点が重心となる (写真 0.23 (1)，22 ページ).

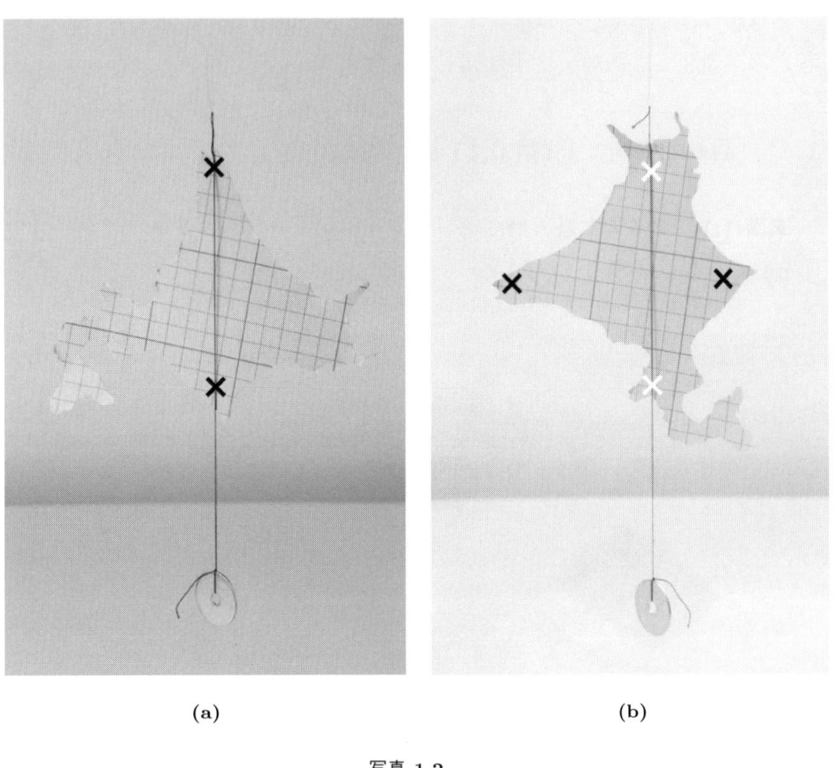

(a)　(b)

写真 1.2

平面図形の重心を求める問題は古くから知られている．例えば，

【問題】　大きな円からその円に接する小さな円をくり抜いた図形の重心はどこか．

などという問題は，いかにも和算にありそうである．実際，江戸後期の和算家，佐藤解記 (雪山) による『算法円理三台』の第 1 問はそのような問題であった．

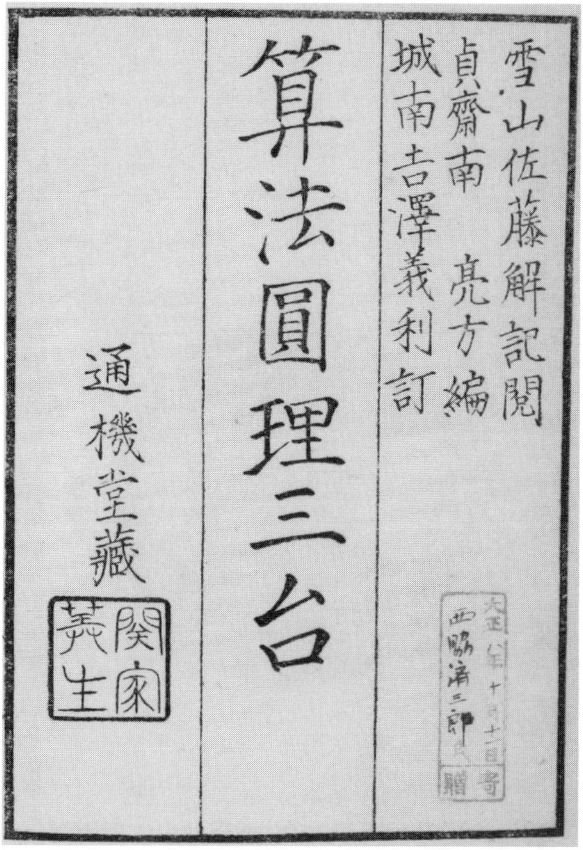

図 1.3

図 1.3 は当該本の表紙で，図 1.4 (次ページ) はその問題の図である ([44] より引用．また佐藤雪山については [18] を参照)．

その重心の算出は難しくないが ([36] に答えがある)，図 1.4 には中心 (重心) から伸びる釣糸が描いてある．つまり重心に糸を付けて釣り下げてみよと言っているのだ．わかりました雪山先生，すぐに実践します．

工作用紙で所望の図形を作って実践したが，写真 1.5 (a) のように傾いてしまい水平にならない．綺麗な工作は難しく，工作用紙の均一性も不明なので，現実の重心は誤差が大きいようだ．そこで試しにデコパネを二枚接着して重くしたら，容易に水平になった (写真 1.5 (b))．

平面図形の重心の算出は簡単だが，重心で釣り下げると不安定であることは気がつかなかった．言うとやるは大違い．やってみるものですね．

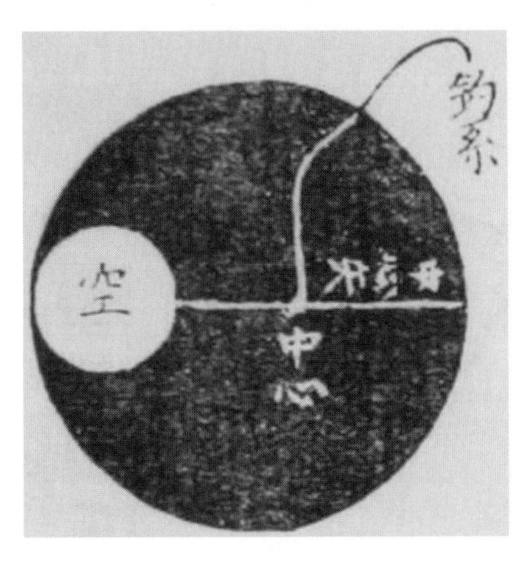

図 1.4

(a)

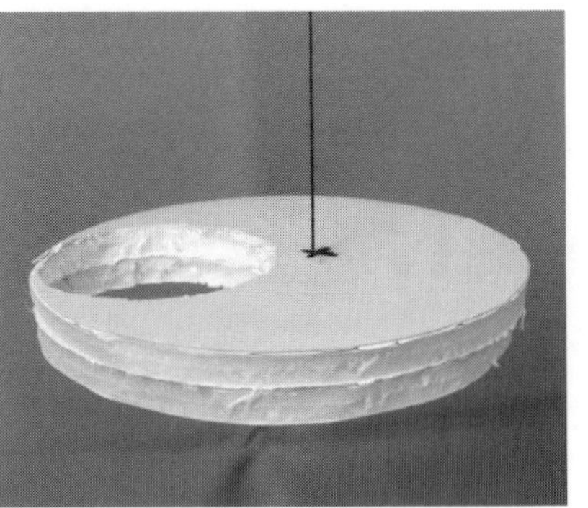

(b)

写真 1.5　カラー版は口絵 vi ページ．

次節以降でそもそも重心とは何であるかを考え，最終の第 1.6 節で実験 1.1 を一般化する．

2. 重心とは

物体の各部分にかかる重力をすべて合わせた物体全体にかかる重力は，それと同じ力である点を支えると，物体を平衡に保たせることができる．この点をその物体の重心という．これは次のように数学的に表現できる．xyz 空間 $\mathbb{R}^3$ 内の物体を Ω とし，$\rho(\boldsymbol{x})$ を物体 Ω 内の点 $\boldsymbol{x} = (x, y, z)$ における密度 $(\mathrm{kg/m^3})$ とする．このとき，物体 Ω の質量 (mass) は，

$$m(\Omega) = \iiint_\Omega \rho(\boldsymbol{x})\, dxdydz$$

である．また，物体 Ω 全体にかかる重力は，

$$W = g\, m(\Omega) = g \iiint_\Omega \rho(\boldsymbol{x})\, dxdydz$$

である ($g = 9.8$ $(\mathrm{m/sec^2})$ は重力加速度)．一方，物体 Ω 全体にかかる重力を，一点 $\boldsymbol{x}_* \in \mathbb{R}^3$ にかかる一つの力 W $(\mathrm{kg \cdot m/sec^2})$ で，

$$\boldsymbol{x}_* W = g \iiint_\Omega \boldsymbol{x} \rho(\boldsymbol{x})\, dxdydz$$

のように置き換えることができる．これより，

$$\boldsymbol{x}_* = \frac{1}{m(\Omega)} \iiint_\Omega \boldsymbol{x} \rho(\boldsymbol{x})\, dxdydz$$

を得る．この位置ベクトルが指す点を物体 Ω の重心と呼ぶ．

3. 一様な物体の場合の重心，三角形の重心

密度 ρ が定数である一様な物体 Ω を考える．簡単のため定数を 1 とする．このとき，物体 Ω の質量は，

$$m(\Omega) = \iiint_\Omega dxdydz$$

であるから，物体 Ω の体積にほかならない．Ω の体積 (volume) を $\mathrm{vol}(\Omega)$ と書くことにすると，物体 Ω の重心は，

$$\boldsymbol{x}_* = \frac{1}{\mathrm{vol}(\Omega)} \iiint_\Omega \boldsymbol{x}\, dxdydz$$

となる．

以降，簡単のため (密度が一様に定数 1 である) 物体 Ω を，図 1.6 のような xy 平面上におかれた z 方向に厚さ 1 のステーキのようなものとする．すなわち，xy 平面 $\mathbb{R}^2$ 内にあるジョルダン曲線で囲まれた平面図形 $\mathcal{D}$ と z 方向の長さ 1 の線分の直積集合とする．また，重力の方向は鉛直下向き，すなわち $-z$ 方向とする．

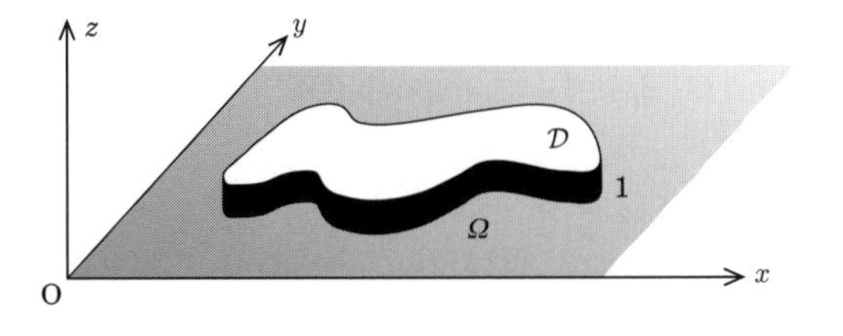

図 1.6　厚さが 1 の一様な物体 Ω.

このとき，物体 Ω の重心の位置ベクトル $\boldsymbol{x}_*$ を成分表示すると，

$$\boldsymbol{x}_* = \begin{pmatrix} x_* \\ y_* \\ z_* \end{pmatrix} = \frac{1}{\mathrm{vol}(\Omega)} \int_0^1 \left(\iint_{\mathcal{D}} \begin{pmatrix} x \\ y \\ z \end{pmatrix} dxdy \right) dz$$

となる．ここで，平面図形 $\mathcal{D}$ の面積を

$$|\mathcal{D}| = \iint_{\mathcal{D}} dxdy$$

と書くと，$\mathrm{vol}(\Omega) = |\mathcal{D}| \times 1 = |\mathcal{D}|$ で，$\displaystyle\int_0^1 z\,dz = \frac{1}{2}$ であるから，

$$\begin{pmatrix} x_* \\ y_* \end{pmatrix} = \frac{1}{|\mathcal{D}|} \iint_{\mathcal{D}} \begin{pmatrix} x \\ y \end{pmatrix} dxdy, \qquad z_* = \frac{1}{2}$$

となる．つまり，物体 Ω の重心の z 方向の高さ 1 の半分に位置していることがわかる．(直観通り！）　そして，重心 $\boldsymbol{x}_*$ の xy 成分と，xy 平面内のベクトルをそれぞれ

$$\boldsymbol{g} = \begin{pmatrix} x_* \\ y_* \end{pmatrix}, \qquad \boldsymbol{x} = \begin{pmatrix} x \\ y \end{pmatrix} \in \mathbb{R}^2$$

と書いて，

$$\boldsymbol{g} = \frac{1}{|\mathcal{D}|} \iint_{\mathcal{D}} \boldsymbol{x}\, dxdy \tag{1.1}$$

を得る．この位置ベクトルの指す点を平面図形 $\mathcal{D}$ の重心と呼ぶ．

問 1.1　平面図形 $\mathcal{D}$ を $\triangle$ABC とする．$\mathcal{D}$ の各頂点 A, B, C の位置ベクトルをそれぞれ $\boldsymbol{a}, \boldsymbol{b}, \boldsymbol{c}$ とし，$\mathcal{D}$ の重心 G の位置ベクトルを $\boldsymbol{g}$ とする．このとき，$\boldsymbol{g} = \dfrac{\boldsymbol{a}+\boldsymbol{b}+\boldsymbol{c}}{3}$ と与えられることを (1.1) を用いて示せ．

答 1.1　$\mathcal{D}$ の境界と内部の各点の位置ベクトルは，

$$\boldsymbol{x}(u,v) = (1-v)((1-u)\boldsymbol{a} + u\boldsymbol{b}) + v\boldsymbol{c} \qquad (0 \leqq u, v \leqq 1)$$

と表される．また，三角形 $\mathcal{D}$ の面積は

$$|\mathcal{D}| = \frac{1}{2}|\det(\boldsymbol{b}-\boldsymbol{a},\ \boldsymbol{c}-\boldsymbol{a})|$$

である．よって，

$$\iint_{\mathcal{D}} \boldsymbol{x}\, dxdy$$
$$= \int_0^1 \int_0^1 \boldsymbol{x}(u,v) \left| \det\left(\frac{\partial \boldsymbol{x}}{\partial u},\ \frac{\partial \boldsymbol{x}}{\partial v} \right) \right| dudv$$

$$
\begin{aligned}
&= \int_0^1 \int_0^1 \boldsymbol{x}(u,v)|(1-v)\det(\boldsymbol{b}-\boldsymbol{a},\ \boldsymbol{c}-\boldsymbol{a})|\,dudv \\
&= 2|\mathcal{D}| \int_0^1 \int_0^1 \Big((1-v)^2((1-u)\boldsymbol{a}+u\boldsymbol{b}) + (1-v)v\boldsymbol{c}\Big)dudv \\
&= 2|\mathcal{D}| \int_0^1 \Big((1-v)^2 \frac{\boldsymbol{a}+\boldsymbol{b}}{2} + (1-v)v\boldsymbol{c}\Big)dv \\
&= 2|\mathcal{D}| \frac{\boldsymbol{a}+\boldsymbol{b}+\boldsymbol{c}}{6}
\end{aligned}
$$

より，$\boldsymbol{g} = \dfrac{\boldsymbol{a}+\boldsymbol{b}+\boldsymbol{c}}{3}$ を得る．

図 1.7 のように，辺 BC の中点を M とし，辺 AB の中点を N とする．このとき，重心 G は 2 本の中線 AM と CN の交点になっている．これは問 1.1 の結果と整合するだろうか．計算してみよう．

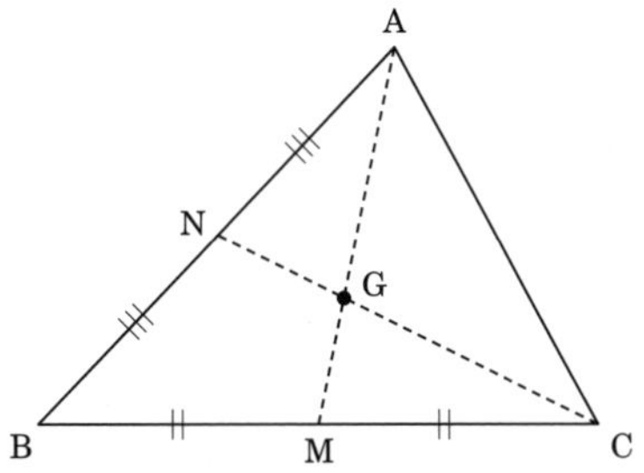

図 1.7　三角形の重心．

◉――高校数学における三角形の重心との比較

図 1.7 において，中線 AM は $(1-t)\boldsymbol{a} + t\dfrac{\boldsymbol{b}+\boldsymbol{c}}{2}$，中線 CN は $(1-s)\boldsymbol{c} + s\dfrac{\boldsymbol{a}+\boldsymbol{b}}{2}$ とそれぞれ書けるので，それらの交点を F とし，その位置ベクトルを $\boldsymbol{f}$ とする．このとき，

$$
\boldsymbol{f} = (1-t)\boldsymbol{a} + t\frac{\boldsymbol{b}+\boldsymbol{c}}{2} = (1-s)\boldsymbol{c} + s\frac{\boldsymbol{a}+\boldsymbol{b}}{2} \tag{1.2}
$$

である．F は重心にほかならないことを示そう．

重心の位置ベクトルを $\boldsymbol{g} = \dfrac{\boldsymbol{a}+\boldsymbol{b}+\boldsymbol{c}}{3}$ とおくと，(1.2) の $\boldsymbol{f}$ の右辺と最右辺の等式を整理して，

$$\begin{aligned}\boldsymbol{a}-\boldsymbol{c} &= \frac{\boldsymbol{a}+\boldsymbol{b}-2\boldsymbol{c}}{2}s+\frac{2\boldsymbol{a}-\boldsymbol{b}-\boldsymbol{c}}{2}t\\ \iff (\boldsymbol{a}-\boldsymbol{g})+(\boldsymbol{g}-\boldsymbol{c}) &= \frac{3(\boldsymbol{g}-\boldsymbol{c})}{2}s+\frac{3(\boldsymbol{a}-\boldsymbol{g})}{2}t\\ \iff (\boldsymbol{g}-\boldsymbol{c})\Big(s-\frac{2}{3}\Big)+(\boldsymbol{a}-\boldsymbol{g})\Big(t-\frac{2}{3}\Big) &= \boldsymbol{0} \qquad (1.3)\end{aligned}$$

を得る．ここで，

$$\begin{aligned}&\det(\boldsymbol{g}-\boldsymbol{c},\ \boldsymbol{a}-\boldsymbol{g})\\ &= \frac{1}{9}\det(\boldsymbol{a}-\boldsymbol{c}+\boldsymbol{b}-\boldsymbol{a}+\boldsymbol{a}-\boldsymbol{c},\ \boldsymbol{a}-\boldsymbol{b}+\boldsymbol{a}-\boldsymbol{c})\\ &= \frac{1}{9}\det(\boldsymbol{a}-\boldsymbol{c},\ \boldsymbol{a}-\boldsymbol{b})+\frac{1}{9}\det(\boldsymbol{b}-\boldsymbol{a},\ \boldsymbol{a}-\boldsymbol{c})+\frac{1}{9}\det(\boldsymbol{a}-\boldsymbol{c},\ \boldsymbol{a}-\boldsymbol{b})\\ &= \frac{1}{9}\det(\boldsymbol{c}-\boldsymbol{a},\ \boldsymbol{b}-\boldsymbol{a})-\frac{1}{9}\det(\boldsymbol{b}-\boldsymbol{a},\ \boldsymbol{c}-\boldsymbol{a})+\frac{1}{9}\det(\boldsymbol{c}-\boldsymbol{a},\ \boldsymbol{b}-\boldsymbol{a})\\ &= -\frac{1}{3}\det(\boldsymbol{c}-\boldsymbol{a},\ \boldsymbol{b}-\boldsymbol{a})\end{aligned}$$

であるので，

$$|\det(\boldsymbol{g}-\boldsymbol{c},\ \boldsymbol{a}-\boldsymbol{g})| = \frac{1}{3}|\det(\boldsymbol{c}-\boldsymbol{a},\ \boldsymbol{b}-\boldsymbol{a})| = \frac{2}{3}|\mathcal{D}| > 0$$

より，$\boldsymbol{g}-\boldsymbol{c}$ と $\boldsymbol{a}-\boldsymbol{g}$ は一次独立である．よって，(1.3) より $s=t=\dfrac{2}{3}$ がわかる．ゆえに (1.2) から $\boldsymbol{f}=\boldsymbol{g}$ を得る．

すなわち，次の命題がわかった．

命題 1.1　三角形の二つの中線の交点は三角形の重心となる．

A と C の中点と頂点 B を結ぶ第三の中線が G を通ることもすぐにわかる．高校数学で『三つの中線の交点を三角形の重心という』と定義した．重心を物理的な意味で定義すると，命題 1.1 がこの定義よりも先に主張されるものであ

る．したがって，この定義はむしろ「平面内の三角形の重心」の定義とみなせばよいだろう．

次に，平面内の四角形の重心についても考えてみよう．

4.　四角形の重心

平面図形 $\mathcal{D}$ が図 1.8 のような □ABCD であった場合，

$$\mathcal{D} = \mathcal{D}_1 \cup \mathcal{D}_2, \qquad \mathcal{D}_1 = \triangle \mathrm{ABD}, \qquad \mathcal{D}_2 = \triangle \mathrm{BCD}$$

と分割して，各三角形 $\mathcal{D}_1, \mathcal{D}_2$ の重心 $\mathrm{G}_1, \mathrm{G}_2$ の位置ベクトルをそれぞれ $\boldsymbol{g}_1, \boldsymbol{g}_2$ とすれば，$|\mathcal{D}| = |\mathcal{D}_1| + |\mathcal{D}_2|$ なので，

$$\begin{aligned}\boldsymbol{g} &= \frac{1}{|\mathcal{D}|}\iint_{\mathcal{D}_1} \boldsymbol{x}\,dxdy + \frac{1}{|\mathcal{D}|}\iint_{\mathcal{D}_2} \boldsymbol{x}\,dxdy \\ &= \frac{1}{|\mathcal{D}|}\left(\boldsymbol{g}_1|\mathcal{D}_1| + \boldsymbol{g}_2|\mathcal{D}_2|\right) \\ &= (1-t)\boldsymbol{g}_1 + t\boldsymbol{g}_2, \qquad t = \frac{|\mathcal{D}_2|}{|\mathcal{D}|}\end{aligned}$$

となる．よって，$0 < t < 1$ から，G は線分 $\mathrm{G}_1\mathrm{G}_2$ の内分点である．

一方，別の分割

$$\mathcal{D} = \mathcal{D}_3 \cup \mathcal{D}_4, \qquad \mathcal{D}_3 = \triangle \mathrm{ABC}, \qquad \mathcal{D}_4 = \triangle \mathrm{ACD}$$

を考え．各三角形 $\mathcal{D}_3, \mathcal{D}_4$ の重心 $\mathrm{G}_3, \mathrm{G}_4$ の位置ベクトルをそれぞれ $\boldsymbol{g}_3, \boldsymbol{g}_4$ とすれば，上と同様に，$|\mathcal{D}| = |\mathcal{D}_3| + |\mathcal{D}_4|$ から，

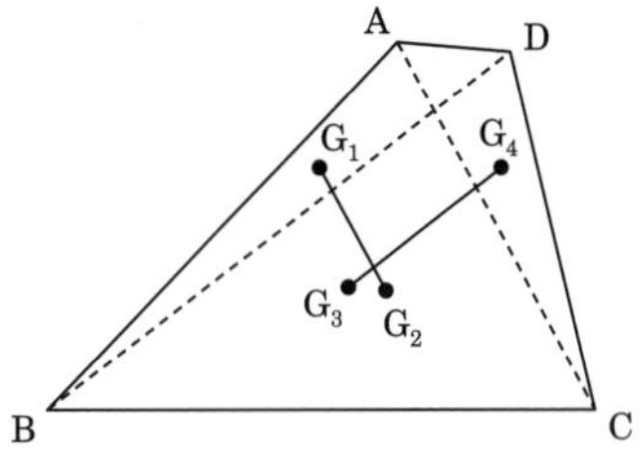

図 1.8　四角形の重心．

$$\boldsymbol{g} = (1 - s)\boldsymbol{g}_3 + s\boldsymbol{g}_4, \qquad s = \frac{|\mathcal{D}_4|}{|\mathcal{D}|}$$

を得る．よって，$0 < s < 1$ から，G は線分 G_3G_4 の内分点である．

以上より，線分 G_1G_2 と線分 G_3G_4 は交差し，その交点が □ABCD の重心 G となる．

5.　重心は必ず図形の内部にあるか

三角形の重心は三角形の内部に必ずある．一方，四角形の重心についてはどうだろうか．重心が四角形の外にでることはあり得るか．

極端なことを考えると，例えば，図 1.9 (a) のような円環の重心は，二つの同心円の中心だから，確実に領域の外にある．すると，図 1.9 (b) のようなほとんど円環の重心も，領域の外にあると予想される．このことから，図 1.9 (c) のように，極端に凹んだ四角形の場合も，その重心はきっと領域の外にあるだろうことが予想される．

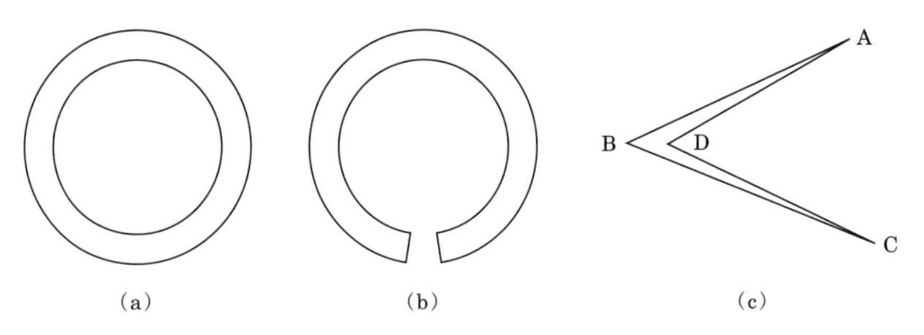

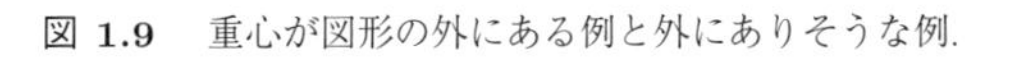
図 1.9　重心が図形の外にある例と外にありそうな例．

重心が図形の外になるような具体例を構成することは難しくない．例えば，図 1.9 (c) において，△ ABD と△ CBD が線対称であることを仮定すれば，簡単に証明できる．△ ABD と△ CBD の面積が等しいという仮定だけでも，やや簡単に証明できる．

6.　任意の図形の重心の求め方と図形ゴマ

いよいよ実験 1.1 を一般化しよう．好きな図形を描き，その重心を求め，そこに爪楊枝を刺して，コマをつくる．(もちろん，前節でみたように図形の重心が図形の外になるような図形は困りますが．)

準備 1.2　はさみ，工作用紙，セロハンテープ，爪楊枝，糸，おもり，そして，対象とする図形 (絵，写真，地図，⋯).

実験 1.2　(1) 工作用紙を好きな形に切る．それを図形 F とする．

(2) 図 1.10 のように，図形 F の端を糸でつるし，糸を延長した直線 L を図形 F に薄く書く．端を変えて，同様に直線 M を書く．おもりをつけた別の糸を使うと直線を引きやすい．

(3) L と M の交点が重心 G となる．点 G に爪楊枝を刺して，セロハンテープで補強する．

図 1.10 や実験 1.1 の写真 1.2 (54 ページ) のように，糸 (とセロハンテープ) を用いて任意の形の図形の重心を求めることができる．なぜか．

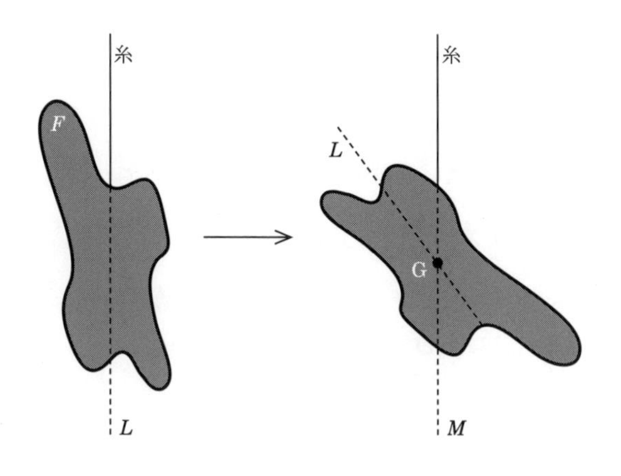

図 1.10　任意の図形の重心．

次のように考えられる．

図 1.11 のように，糸で図形をつるすと，糸は上向き黒矢印のつるす力が必要で，それと同じ力 (下向き白矢印) が逆方向に働く．向きを変えても同じことがおこるので，二つの線の交点が重心となる．あるいは，糸を延長した直線で図形が二分される，という考えでも説明できるだろう．

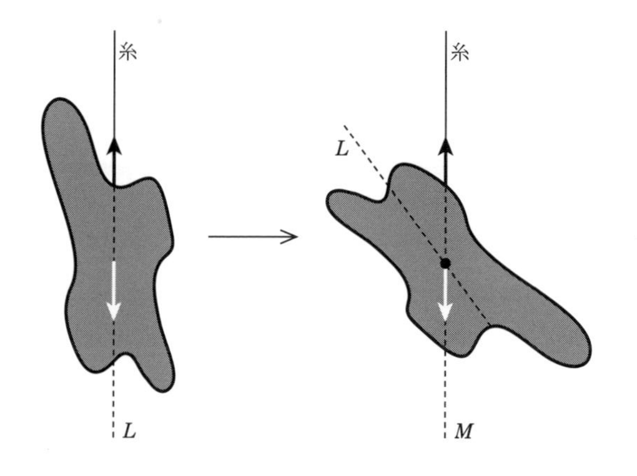

図 1.11　重心にかかる力．

第2章

逆立ちして回るコイン

コインのような円盤形のいわゆる逆さゴマの話である．コインが逆立ちするまでの時間を，大雑把な解析で，しかし意外と悪くない見積もりをする．

1.　「逆立ちして回るコイン」(第 0.12 節) の続き

準備 2.1　① 円板 (丸座金，500 円玉，コイン)，小さいナット，セロハンテープ．小さいナットは錘である．写真 2.1 のように，円板に小さいナットをセロハンテープで貼り付ける．セロハンテープが円板の周囲にはみ出さないように注意する．小さいナットを含む円板の半分に色を塗る．(500 円玉には色を塗らない方がよいでしょう．)

写真 2.1　カラー版は口絵 v ページ．

② 土産屋 (駄菓子屋，よろず屋) で買える逆さゴマ (写真 2.2).

写真 2.2　拙著『実験数学読本 2 [67]』の第 0.4 節や第 3.3 節で使ったビー玉万華鏡で覗いた市販の逆さゴマ.

実験 2.1　円板の色を塗った側を下半分にして円板を立てて，写真 0.24 (b) (24 ページ) のように指ではじいて回す．すると市販の逆さゴマ (写真 2.2) と同じように，回転しながら，ある瞬間から初期状態とは逆さまの状態になって回転を続ける.

ところで，写真 0.24 (c) のマジック (！) の方法《1》《2》《3》の答えは「左手の人差し指で隠れている右手の親指で円板をはじく」である (写真 2.3).

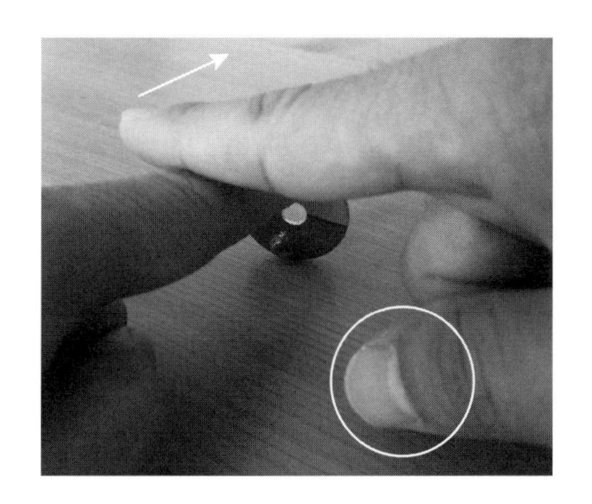

写真 2.3　写真 0.24 (c) (24 ページ) の答え.

市販の逆さゴマは，回さないと普通のコマのようにつまみが上にある形で，起き上がり小法師のようにちょっと揺らしてももとにもどる (安定)．一方，ひっくり返してマッシュルームのような形にしても立つことはできるが，ちょっと突っつくとすぐに倒れる (不安定)．市販の逆さゴマの面白いところは，回転しながら安定から不安定に移行することであろう．ここに錯覚がある．安定不安定は静止状態のそれであって回転しているものはそうではない．ひもを使って投げて回すコマ (投げゴマ) は，断面が逆三角形の形で回転しているから重心は上にあり，それで安定している．したがって，逆さゴマの立場に立てば，ひっくり返るとやっと投げゴマのような普通のコマの動きになっただけである．

丸座金にナットを貼るという逆さゴマを筆者がつくったのは，物理学者でおもちゃ博士の戸田盛和氏の論説 [53] を読んだことが影響しているように思う (うろ覚え)．同論説では 10 円玉に粘土を貼り付けた簡単な逆さゴマが紹介されていて，このような円板逆さゴマは，市販の逆さゴマの本質を抽出したコマであるとしている．そして，逆さゴマがそう名付けられるためにもっとも必要なものは「摩擦」であることがわかる．

ノーベル物理学賞受賞者の小柴昌俊氏が，中学校で講師をしたとき，中学生に以下のような問題を出した [26, p.48]．

「この世の中に，摩擦というものがなくなったらどうなるのか．記せ」

正解は白紙答案．理由は摩擦がなかったら鉛筆が滑って紙に文字を書けないから．今の場合「逆さゴマが逆さにならない！」と書きたいところだが，その主張は紙に書けない．

次節で，コインが逆立ちするまでの時間を見積もろう．

2.　円板逆さゴマが逆さになるまでの時間

準備 2.1 と同じ要領で，図 2.4 (次ページ) のように，丸座金 (6×30×1.6mm) に六角ナット M3 をセロハンテープで貼り付け，それを円板逆さゴマとする．

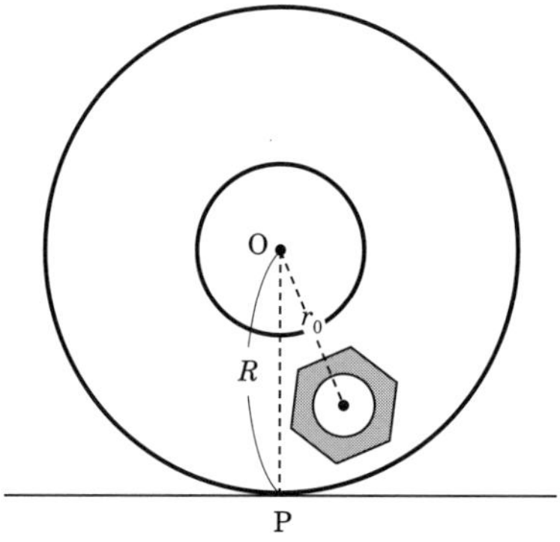

図 2.4

定量的に計算したいので，具体的な規格を明記しておく．

丸座金 (半径 $R = 15$ mm，質量 $M = 8.2$ g)

ナット (径 $d_0 = 5$ mm，質量 $m = 0.3$ g)

ナットの位置 ($r_0 = 10$ mm)

セロハンテープや丸座金，ナットの厚さは無視する．

実験 2.1 の要領で，円板逆さゴマをはじいて回転させる．このときの，円板逆さゴマ上で働く力，モーメント，物理量を図 2.5 (次ページ) のように定義する．丸座金の内側の穴は無視する．ここで，図 2.5 の各種記号は以下の意味である．

O：円板の中心

G：円板逆さゴマの重心

$\boldsymbol{f}$：接点 P における摩擦力ベクトル (水平面内で，紙面の向こう側へ向かうベクトル)

$\boldsymbol{L}$：角運動量ベクトル

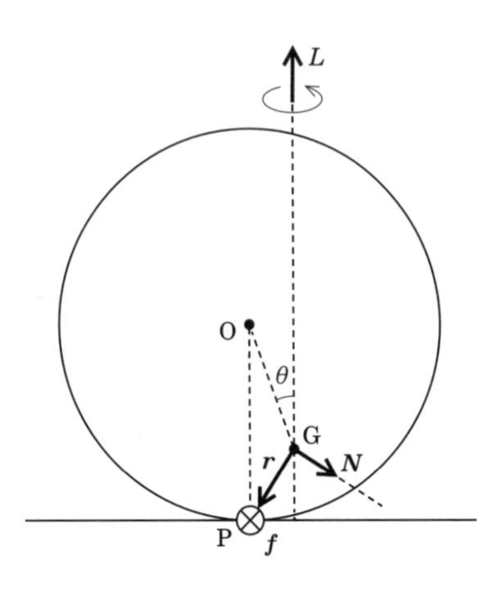

図 2.5 ⊗ は紙面向こう側に向かう軸 (誇張した図).

θ : $\overrightarrow{\mathrm{GO}}$ と $\boldsymbol{L}$ のなす角

$\boldsymbol{r} = \overrightarrow{\mathrm{GP}}$: 重心から接点へのベクトル

$\boldsymbol{N} = \boldsymbol{r} \times \boldsymbol{f}$: 摩擦力による力のモーメント

◉── G ≈ O である

円板 (丸座金) の重心 O を原点とし，円板逆さゴマの重心を点 G とする．中心 (原点) O からナットの重心 (中心) までの距離は $r_0 = 10$ (mm) だから，

$$\mathrm{OG} = \frac{m}{m+M} r_0 = \frac{3}{85} 10 = 0.35 \ (\mathrm{mm})$$

である．したがって，円板の直径に対する相対的長さは $\dfrac{\mathrm{OG}}{2R} = 0.01$ となって，事実上，G はほとんど O であるといってもよい．

だから図 2.5 は誇張した図であって，G ≈ O だから，$\boldsymbol{r} = \overrightarrow{\mathrm{GP}}$ はほとんど鉛直下向きである．よって，$\boldsymbol{f}$ は水平面内の接点 P における摩擦力ベクトルであるから，摩擦力による力のモーメント $\boldsymbol{N} = \boldsymbol{r} \times \boldsymbol{f}$ は，ほとんど水平とみなしてよい．

◉── オイラーの運動方程式

$\boldsymbol{\omega}$ を角速度ベクトルとしたとき，オイラーの運動方程式から，

$$\boldsymbol{N} = \frac{d}{dt}\boldsymbol{L} = \frac{\partial \boldsymbol{L}}{\partial t} + \boldsymbol{\omega} \times \boldsymbol{L}$$

が成り立つ．円板逆さゴマの場合，慣性テンソルはスカラー $I = \frac{1}{4}MR^2$ で，$\boldsymbol{L} \approx I\boldsymbol{\omega}$ だから，これより $\boldsymbol{N} \approx \frac{\partial \boldsymbol{L}}{\partial t}$ を得る．$\boldsymbol{e} = \frac{\overrightarrow{\mathrm{OG}}}{\mathrm{OG}}$ とおくと，$\boldsymbol{N}$ はほとんど水平として，

$$\boldsymbol{N} \cdot \boldsymbol{e} = N \cos\left(\frac{\pi}{2} - \theta\right) = N \sin\theta \qquad (N = |\boldsymbol{N}|)$$

$$\boldsymbol{L} \cdot \boldsymbol{e} = -L \cos\theta \qquad (L = |\boldsymbol{L}|)$$

となる．円板逆さゴマは図 2.5 の $\boldsymbol{L}$ 軸を中心に回転し，その軸自体も回転する，いわばハンマー投げの選手の動きのようなみそすり運動をするが，$\boldsymbol{e}$ の時間変化の方向 ($\boldsymbol{e}$ の速度ベクトル) は，ほとんど水平面内にあるとみなしてよい．その水平面は $\boldsymbol{L}$ に直交するから $\boldsymbol{L} \cdot \frac{\partial \boldsymbol{e}}{\partial t} \approx 0$ である．また，角速度 $\omega = |\boldsymbol{\omega}|$ はほとんど時間変化しないと考えられるから，角運動量ベクトルの大きさ $L \approx I\omega$ もほとんど時間変化しない．よって，$\frac{\partial L}{\partial t} \approx 0$ である．これより，

$$\begin{aligned} N \sin\theta &\approx \frac{\partial \boldsymbol{L}}{\partial t} \cdot \boldsymbol{e} \approx \frac{\partial(\boldsymbol{L} \cdot \boldsymbol{e})}{\partial t} = -\frac{\partial(L \cos\theta)}{\partial t} \\ &\approx -L\frac{\partial(\cos\theta)}{\partial t} = L \sin\theta \frac{\partial \theta}{\partial t} \end{aligned}$$

のように評価できる．以上より，$\overrightarrow{\mathrm{GO}}$ と $\boldsymbol{L}$ のなす角 θ の時間変化の近似的な評価

$$\frac{\partial \theta}{\partial t} \approx \frac{N}{L}$$

を得る．

◉—— 円板逆さゴマが逆さになるまでの時間の見積もり

μ を摩擦係数，g を重力加速度，$M' = m + M$，$\omega = |\boldsymbol{\omega}|$ とすると，モーメント，摩擦力，角運動量はそれぞれ

$$N = Rf, \qquad f = \mu M' g, \qquad L = I\omega = \frac{1}{4}M'R^2\omega$$

である．これより，

$$\frac{\partial\theta}{\partial t} \approx \frac{N}{L} = \frac{R\mu M' g}{I\omega} = \frac{4\mu g}{R\omega}$$

がわかる．

円板逆さゴマが逆さになるまでの時間を T とすると，$\theta(T) = \pi$，$\theta(0) \approx 0$ であるから，$T \approx \dfrac{\pi R\omega}{4\mu g}$ を得る．

各データを $\mu = 0.2$，$R = 1.5$ (cm)，$g = 980$ (cm/sec^2)，$\omega = 2\pi \cdot k$ 回 (1/sec) とする．ここで k は回転数であるが肉眼で回転数を数えるのは難しい．だが 10 回よりも多く 100 回までは回転していないと考えて，平均的に $k = \sqrt{10 \cdot 100}$ 回 (相乗平均) とすると，

$$T \approx \frac{\pi R\omega}{4\mu g} = \frac{3\pi^2\sqrt{10 \cdot 100}}{4 \cdot 0.2 \cdot 980} \approx 1.2 \text{ (sec)}$$

を得る．ツルツルした机だと摩擦係数 μ が小さいから，逆さになるまでの時間 T が大きくなることがわかる．

机の摩擦係数がわからないし，いろいろな近似をしている割には悪くない見積もりでしょう？ (次節でなぜ相乗平均を使って回転数を見積もったのかを考察しよう．)

注意 2.1　市販の逆さゴマ (写真 2.2) は，だいたい球形とみなせる．半径 R (cm) の球の場合の慣性テンソルは，スカラー $I = \dfrac{2}{5}MR^3$ であるから，

$$\frac{\partial\theta}{\partial t} \approx \frac{R\mu M g}{I\omega} = \frac{5\mu g}{2R^2\omega}$$

より，

$$T \approx \frac{2\pi R^2\omega}{5\mu g} = \frac{4\pi^2 R^2\sqrt{10\cdot 100}}{5\cdot 0.2\cdot 980} \approx 1.27R^2 \text{ (sec)}$$

を得る．円板逆さゴマが逆さになるまでの時間と比較してみてください．

3. 回転数の相乗平均

前節で 10 回と 100 回の回転数の平均として相乗平均 $\sqrt{10\cdot 100} \approx 30$ を考えた．なぜ相加平均 $\dfrac{10+100}{2} = 55$ を考えないのか．それは「100 回転は 10 回転の 10 倍の回転数」というと自然だが,「100 回転は 10 回転より 90 回転多い回転数」というと，間違ってはいないが，あまり自然な感じがしないからだ．(10 回と 1000 回を比べるともっと不自然さが増す．) この違和感が本質である．例えば，光の強さもそうで，2 倍明るいなどと表現する.「差」よりも「比」が重要な尺度である．

一方，差 (間隔) しか許れない重要な量もある．例えば，温度や時刻．今日の最低気温は 30 ℃で，昨日は 20 ℃だった場合,「10 ℃上がった」というが,「1.5 倍になった」とはいわない．また，午後 9 時は午後 3 時の 3 倍とは決していわず，6 時間後という．これらの例は，差しか考えられず，比は考えられない．

差しか考えられないもの，あるいは比よりも差が重要な尺度となるものの平均は，相加平均が適している．30 ℃と 20 ℃の平均温度は,

$$\frac{30\text{ ℃} + 20\text{ ℃}}{2} = 25\text{ ℃}$$

であって，$\sqrt{30\text{ ℃} \times 20\text{ ℃}} \approx 24.5$ ℃ とは考えない．

それに対して，差よりも比が重要な尺度となるものの平均は，相乗平均がよい場合がある．ただ，相乗平均が考えられる場合は相加平均も考えられるので，どちらが適切かはケースバイケースである．例えば，睡眠時間が 8 時間と 5 時間の平均は，普通は $\dfrac{8+5}{2} = 6.5$ と考える．しかし，$\sqrt{8\times 5} \approx 6.3$ と考えても悪くはない．前者は「8 時間は 5 時間よりも 3 時間長い」という視点で，後者は「8 時間は 5 時間の 1.6 倍の時間」という視点で考えたと思えるからである．

回転数の話に戻す．例えば，10^a 回転と 10^b 回転 $(a < b)$ の平均を A 回転と考えると,「比」の考え方から

$$\overset{\alpha}{\curvearrowright}\ \overset{\alpha}{\curvearrowright}$$
$$10^a < A < 10^b$$

のように，$A = 10^a \times \alpha$, $10^b = A \times \alpha$ とみなすのが自然であろう．これより $10^a \times \alpha^2 = 10^b$ を解いて $\alpha = 10^\beta$, $\beta = \dfrac{b-a}{2}$ がわかる．よって

$$A = 10^a \times \alpha = 10^c, \qquad c = \frac{a+b}{2}$$

を得る．これは,

$$A = \sqrt{10^a \times 10^b}$$

と考えていることにほかならない．(差や比などのさまざまな尺度については,拙著『実験数学読本 [64]』の第 8 章や統計学の本などを参照されたい．)

注意 2.2　対数の考えを使うとより相乗平均と相加平均の関係がより明確になる．実際，$10^a < A < 10^b$ の辺々の常用対数を考えると,

$$a < \log_{10} A < b$$

であるが，これより $\log_{10} A$ を a と b の真ん中，すなわち a と b の相加平均 $c = \dfrac{a+b}{2}$ として，$\log_{10} A = c$ を得る．これは 10^a と 10^b の相乗平均 $A = 10^c$ にほかならない．(対数の効用については後述の第 12 章も参照．)

第3章
ラトルバックと逆さゴマ

本章では，ラトルバックという面白いコマ (のように回すもの) と前章の逆さゴマの続編の話を展開しよう．

1.　回りたくないスプーン

準備 3.1　プラスチックのスプーン

実験 3.1　(1) プラスチックのスプーンの首の部分を折る (図 3.1 の破線)．手で折ってもよいが，ニッパー (あるいはペンチの切断部分) を使うと綺麗に切り離せる．

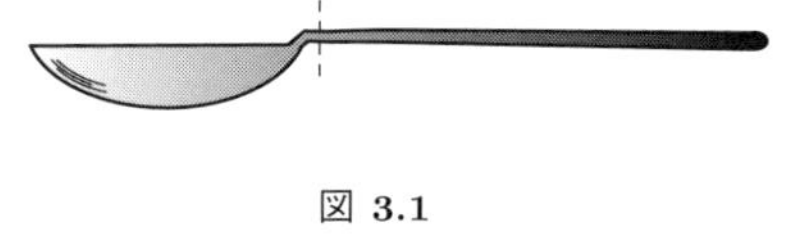

図 3.1

平たいスプーンよりも，接地面がなるべく小さい丸い底のスプーンの方がこれからの実験に適しているが，いろいろなプラスチックスプーンで試してみると良い．

(2) 柄を取ったスプーンを回転させる (図 3.2 (a)，次ページ)．両手を使うと回しやすい.(どちらの方向に回転させてもガタガタして回転が止まるだろう.)

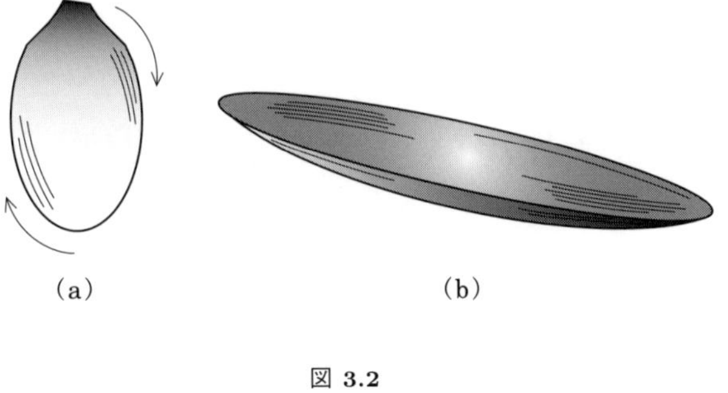

図 3.2

図 3.2 (b) は市販のラトルバック (rattleback) という名前のおもちゃである. 10cm 程度の大きさで, サーフボードのような形をしている. 筆者の持っているものは, 左回転させると回転し続けて, 右回転させると, そちら方向には回りたくないよと言うように, すぐにガタガタ (rattle) しはじめて回転が止まり, そしてゆっくり左回転, つまり逆回転 (back) をしはじめる. どうしても左回転したいようだ. 前章で扱った逆さゴマに匹敵するショッキングな動きである.

スプーン (図 3.2 (a)) はガタガタして止まるだけで, 市販のラトルバックのように逆回転はしなかったであろう. スプーンに細工を施して, ガタガタし, 逆回転もするラトルバックスプーンを作りたい.

準備 3.2 プラスチックのスプーン, 小さいナットあるいは錘, セロハンテープ.

実験 3.2 (ラトルバック化 1) (1) プラスチックのスプーンの首の部分を折る (図 3.1 の破線).

(2) 実験 2.1 で円板逆さゴマを作ったように, スプーンにナットをセロハンテープで貼り付ける. それもいろいろなパターンで貼り付ける (図 3.3 (a)〜(d), 次ページ).

(3) いろいろなナット付きスプーンを回転させる.

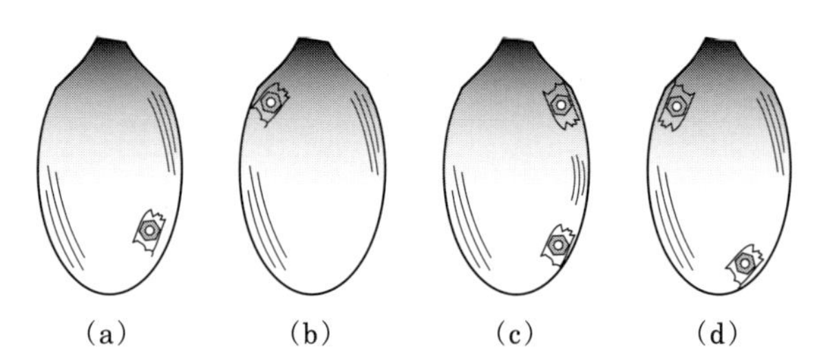

図 3.3

いろいろな貼り方が考えられるが，市販のラトルバック (図 3.2 (b)) と同じ動きをする貼り方はすぐに見つかるだろう．さらに，うまくナットを配置すると，どちらの方向に回してもガタガタして止まり逆回転する「ラトルバックスプーン」ができる．いったいどちらに回りたいんだ，とツッコミたくなるが，ラトルバックスプーンはどちらにも回りたくないのだ．

プラスチックスプーンに限らず，いろいろなものをラトルバック化することはできる．例えば，金属のスプーンを使ってつくるものはよく知られている．

準備 3.3 (手で曲げられる) 金属のスプーン

実験 3.3 (ラトルバック化 2) プラスチックのスプーンの首を折る代わりに，柄を曲げて非対称な形にすると (図 3.4 (a)(b))，どちらかの方向についてラトルバック化できる．これを回してみよう．

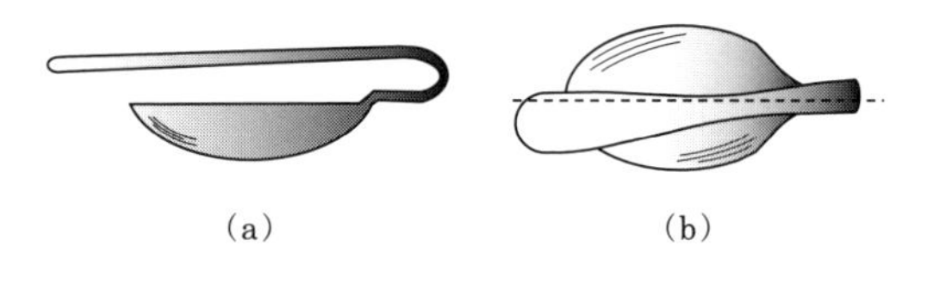

図 3.4

市販のラトルバック (図 3.2 (b)) は，見掛けは小さいサーフボードの形だが，裏側は (サーフボードと違い) 軸に関して非対称な曲面になっている．曲面の非対称さの代わりに，手作りスプーンではナットや柄を工夫して重心をずらすことで非対称性を再現しているといえよう．

逆さゴマとラトルバック．おもしろ回転おもちゃのツートップだ．

2.　ガチャガチャのカプセルで逆さゴマ

図 3.5 (a) は，市販の逆さゴマ (写真 2.2，67 ページ) の断面図で，○はコマを球としたときの中心，●は重心である．右上のつまみを回すと，破線を軸として回転し，結果的に●が上がるように回る．この一文で，合計三つの「回」が出てきたように，逆さゴマはあっちこっちで回っている．(実は，コマが動き回るというもう一つの「回」があるが今は無視する．)　重心●から下に向かっている重力 (↓) にあらがって，重心は上がり続ける．

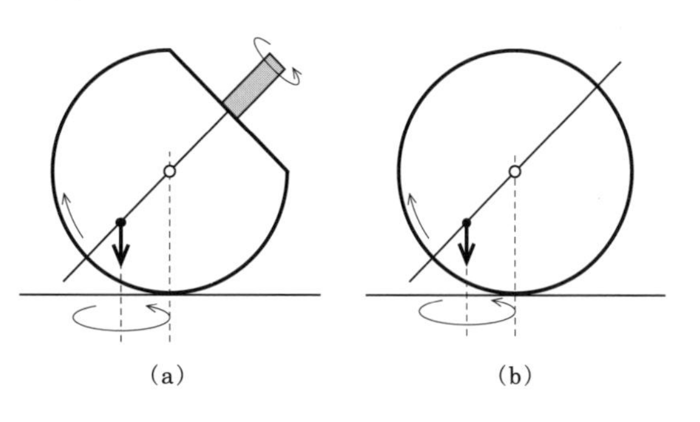

図 3.5

一体どうやったら，この複雑な運動を理解できるのか．前章でも文献参照した戸田盛和氏 (特集「戸田盛和とおもちゃの数理 [54]」,『数学セミナー』参照) は，第 2 章，あるいは図 3.5 (b) のように中心から外れた錘を付けた円板を回転させることとして，三つの「回」のうち，つまみを回すという「回」を除いた本質的な二つの「回」を抽出された．これは俄には思いつかない．

筆者は，数年前にこれを知ったように思うが，それ以来方々で紹介し遊んできた (そして前章で仕組みを考察した)．一方で，市販の逆さゴマを直接作れないかとずっと頭に引っかかっていた．ピンポン玉を使って似たような形状を作ればできるが，それは模倣 (模型) であって，戸田先生の円板ゴマのような本質を抽出したおもちゃとは違う．

ところで，図 3.6 のようにナットを貼り付けたラトルバックスプーンは，矢印の方向に回転したいようである．矢印と逆方向に回転させるとラトルバック運動「回転→ガタガタ→停止→回転が反転→停止 (運動終了)」が観察される．

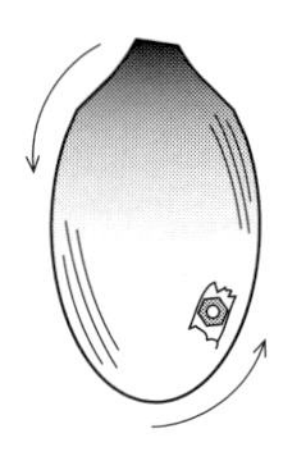

図 3.6　ラトルバックスプーン．

ラトルバックスプーンはずーっと遊んでいてもあきないのだが，ラトルバック運動がなされる理由は俄にはわからない．しかし，観察しているうちに，逆さゴマと関係しているのではという気になってきた．逆さゴマの運動は，重心が上に上がりたい運動である．ラトルバックスプーンの錘 (ナット) はすでに上についているから安定な気もするが，イヤな方向に回されるときは，重心 (錘) が下がり，そのうち逆さゴマのように重心が上に上がりたい衝動も出てくる．だが，スプーンは球面でないし，逆さゴマのように半球以上の広い曲面もないので，その衝動を解消できずにガタガタするのではないか …．

一つの発見があった．広い面を作るために，スプーンでなく，ガチャガチャの空のカプセルを使ってみた．

準備 3.4　ガチャガチャのカプセル，ナット，セロハンテープ．

カプセルは半球面でちょうどよかったのだが，ラトルバック運動の再現としては失敗した．でも，副産物ができた．

実験 3.4　図 3.7 (次ページ) のように錘 (ナット) をセロハンテープで中心

に貼り付けたら，逆さゴマができた．これを回してみよう．

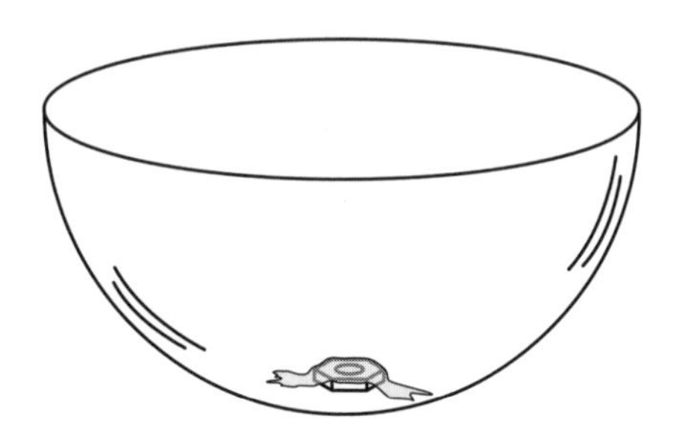

図 **3.7**　カプセル逆さゴマ．

ラトルバックスプーンは 1 か月毎日考えて辿り着いたが，お陰で数年考えていた簡単逆さゴマが一気に解消した．

これくらい戸田先生ならすでにクリアしているだろうと思って，改めて [52] を見直したら，やはり 109 ページの図 40 にナットの代わりにゴルフボールを使った同じ発想の図が載っていた．自分では新発見のつもりだったが，きっと頭の片隅に本を読んだときの記憶が残っていたのだろう．しかしゴルフボールはナットに代わって小さくなったし，自分の中での再発見としてよしとする．その後，山根匡史氏によって，ナット (錘) をつけなくても，カプセルの種類によってはそのまま逆さゴマになることを指摘された．ついに**超簡単逆さゴマ**に到達！　ガチャガチャのカプセルは，ほぼ半球と扁平な半球の組み合わせであることが多く，扁平な方はそのまま逆さゴマになる．

一つ山を越えたら次の山が見えてしまった．

カイラル逆さゴマ．

カプセル逆さゴマの錘 (ナット) の位置をいろいろ変えて，ある回転方向には逆さゴマになって，その逆回転方向には (逆さにならない) 普通のコマになるような，ガタガタはしなくてよいが，回転方向の嗜好性をもつラトルバックのような逆さゴマが作れないだろうか．実は，この拙稿を仕上げる段階ではまだ成功していない．が …

◉──「カイラル逆さゴマ」の顛末

本書の第 3～4 章は,『数学セミナー』2017 年 9 月号特集「戸田盛和とおもちゃの数理」の中の拙文「回すおもちゃと転がすおもちゃ [66]」を修正加筆したものである．その拙文執筆時点では,「カイラル逆さゴマ」の存在は不明確であったが，その後，時枝正氏の論説 [55] の 53 ページ，脚注 8) に,『あっち回りは逆立つくせこっち回りは逆立たない掌性 chiral 逆立ち独楽の発見 (1990 年代末) を報告する．一昨年 MIT の 3D プリンターでコピー製作に成功した.』とある．どんなものなのか見てみたい！

第4章

アイ回転

マーティン・ガードナー氏の本 [14, pp.174–175][15, pp.42–43] に次のコップのトリックが紹介されている．人前で披露すると面白いでしょう．

1.　すべての「へのへのもへじ」を上向きに

準備 4.1　同じコップ三つ，あるいは同じ箱三つ．

実験 4.1 (というよりマジック)　(1) まず，図 4.1 の (A, B, C) のように，下向き，上向き，下向きにおいた三つのコップを横に並べる．

筆者が実験教室で演示するときは，コップの代わりに同じ大きさの箱に，本務校や出張先の学校の「ゆるキャラ」などを図 4.2 (次ページ) の「へのへのもへじ」のように貼り付けておく．

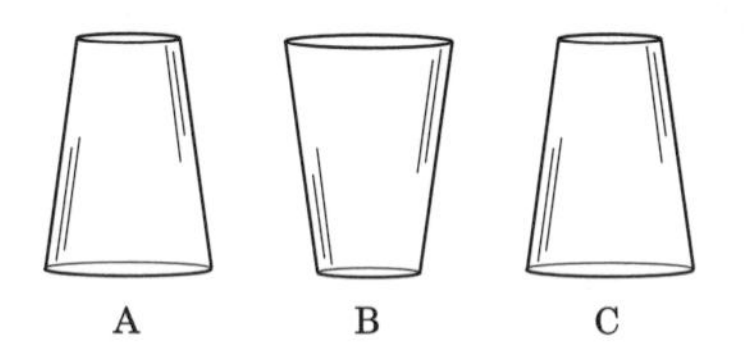

図 4.1　ちょうど三回ですべてコップを上向きにできるか？

図 4.2　ちょうど三回ですべての「へのへのもへじ」を上向きにできるか？

以下，実験教室のノリで，ガードナー氏のコップの代わりに，へのへのもへじ箱を使うことにする．

(2) 次に，

「両手で二つの箱を同時にひっくり返します」

といったら，

「ちょうど三回で，三つの箱がすべて上に向くようにします」

と宣言してから，実演する．(あるいは，誰か聴衆にやってもらうとより効果的．) 例えば，A と B，A と C，A と B の順にひっくり返すとたしかにできる．しかし，聴衆は当たり前過ぎて「ほうほう．それで？」と思うだけでしょう．

(3) そこで，

「簡単でしょう？　ではやってみてください」

といいながら，図 4.3 (次ページ) の (X, Y, Z) のように聴衆の一人の前に箱を並べる．(あるいは，(2) の操作をやってもらった人に続けてやってもらう．)

(4) そして，

「同じように二つの箱を同時にひっくり返して，すべてを上向きにしてください」

という．ただし

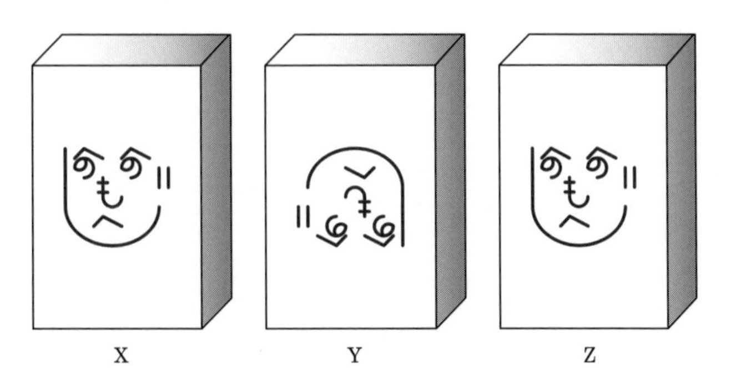

図 4.3　すべて上向きにできるか？

「三回ちょうどでなくて，何回ひっくり返してもよいですよ」

と一言加えておく．

しばらく待つと，

「あれ，これできないんじゃない」

と声 (あるいは，心の声) が聞こえてくるだろう．観察眼の鋭い人は (A, B, C) と (X, Y, Z) では置き方が違うとすぐに気づいて，それを指摘されることもある．だからといって，できない理由を即答することができる人は少ないでしょう．

2.　90 度回転

図 4.3 の箱の状態から，動かし方を少し拡張して再チャレンジする．箱をひっくり返すとは，箱を 180 度回転させることだが，動かし方を細かくして，同時に二つの箱を同じ方向に 90 度回転させることにする．180 度回転は 90 度回転を二回連続した操作になる．反時計回りを正の回転方向とする．(聴衆から見ると逆方向の回転になるのでご注意を．)

準備 4.2　準備 4.1 と同じ．

実験 4.2 (解決マジック？)　(1) 例えば，図 4.3 の箱の状態から，X と Y を 90 度回転させると図 4.4 のようになる.

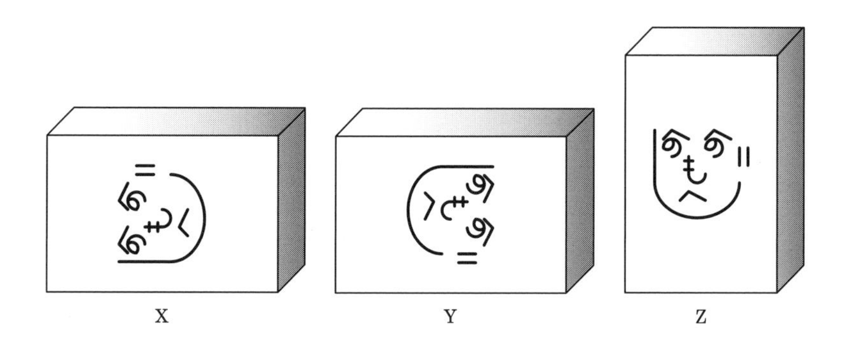

図 4.4　図 4.3 の箱の状態から，X と Y を 90 度回転.

(2) さらに，Y と Z を 90 度回転させると図 4.5 のようになる.

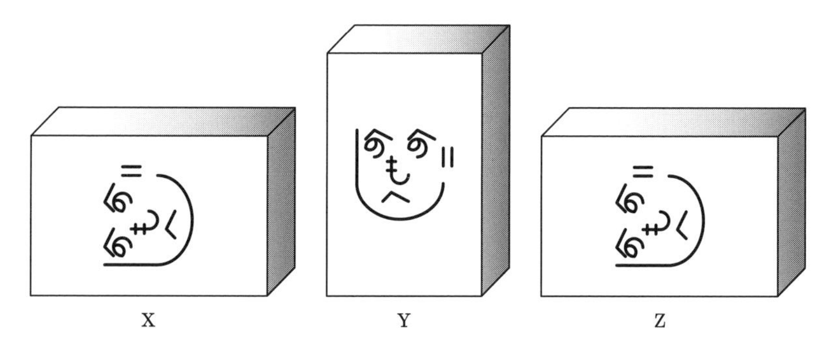

図 4.5　図 4.4 の箱の状態から，Y と Z を 90 度回転.

(3) ここまできたら，X と Z を三回連続 90 度回転 (あるいは，90 度逆回転) させれば全部上向きになることはすぐにわかる.

3.　上向きにできないことの証明

図 4.3 の箱の状態からはじめて，180 度回転操作だけだとすべての箱が上向きにならなかった (実験 4.1). 一方，90 度回転操作を導入すると簡単にすべて

の箱が上向きになった (実験 4.2). なぜだろうか. それぞれの理由を説明するために箱の状態を次のように数値化する. 箱の上向きの状態を 1, 下向きの状態を -1 とする. 例えば, 図 4.2 の (A, B, C) は $(-1,1,-1)$, 図 4.3 の (X, Y, Z) は $(1,-1,1)$ となる. ここで, A と B を 180 度回転すると $(1,-1,-1)$ となるが, これは

$$(1,-1,-1)=(-1\times(-1),1\times(-1),-1\times 1) \tag{4.1}$$

という計算とみなすことができる. なぜなら, 図 4.6 のように -1 を掛けることは 180 度回転させること (ひっくり返すこと) に相当するからである.

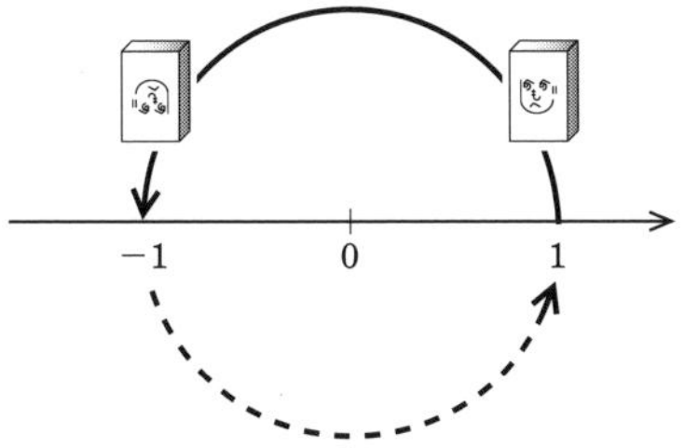

図 **4.6**　180 度回転は -1 倍相当.

そこで,

$$(a,b,c)(x,y,z)=(ax,by,cz)$$

という計算規則を導入すれば, (4.1) の計算は,

$$(-1,1,-1)(-1,-1,1)=(1,-1,-1) \tag{4.2}$$

にほかならないことがわかる. $\alpha=(-1,-1,1)$ とおいてこれを A と B の 180 度回転操作とすれば, (4.2) は, 初期状態 $(-1,1,-1)$ に α をかけたことになり,

$$(-1,1,-1)\alpha=(1,-1,-1)$$

と表現することができる. 同様に, B と C, A と C の 180 度回転操作をそれぞれ $\beta=(1,-1,-1)$, $\gamma=(-1,1,-1)$ とすると, 図 4.2 の初期状態 (A, B, C) からすべての箱を上向きにした操作は,

$$(-1,1,-1)\alpha\gamma\alpha=(1,1,1)$$

という計算に対応する．ここで，操作の順序は交換可能だから $\alpha\gamma\alpha=\alpha^2\gamma$ と書いても同じである．ただし，$\alpha\alpha\gamma,\gamma\alpha\alpha$ の順だと，$\alpha^2=(1,1,1)$ なので実質 γ を施す操作 1 回に等しい．よって，ちょうど三回ですべての箱が上向きになる操作は $\alpha\gamma\alpha$ と $\beta\gamma\beta$ の二通りしかない．

一方，図 4.3 の初期状態 (X, Y, Z) は $(1,-1,1)$ となるが，ここから，すべての箱を上向きにすることができないことを示すには，次を満たす 0 以上の整数 l,m,n がないことを示せばよいことになる．

$$(1,-1,1)\alpha^l\beta^m\gamma^n=(1,1,1)$$

実際，あるとしたら，$2(l+m+n)$ が奇数となって矛盾が生じる．

箱の反時計回りの 90 度回転操作については，180 度回転操作 α,β,γ のそれぞれの -1 をすべて虚数単位 i に変えたものを考える $(i^2=-1)$．すなわち，

$$\alpha=(i,i,1),\qquad \beta=(1,i,i),\qquad \gamma=(i,1,i)$$

とする．図 4.7 のように i をかけることは 90 度回転させることに相当し，$i^2=-1$ という計算は二回の 90 度回転は一回の 180 度回転であることに対応して

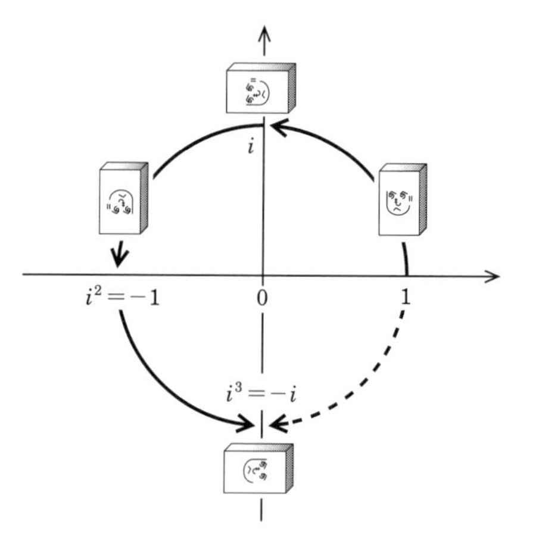

図 4.7　90 度回転は i 倍相当.

いるといえるからである．また，これより，90 度逆回転操作は $-i$ 倍に相当するが，これは三回の 90 度回転操作に相当する i^3 倍に等しいこともわかる．

90 度回転操作を導入して，図 4.3 の初期状態からすべての箱を上向きにできることを示すには，次を満たす 0 以上の整数 l, m, n があることを示せばよいことになる．

$$(1, -1, 1)\alpha^l \beta^m \gamma^n = (1, 1, 1)$$

実際，$\alpha\beta\gamma^3$ が最小回数の 90 度回転操作であることがわかる．これは実験 4.2 の操作である．

たまに「i（アイ）のある数学」なんて聞く．講義で一度だけ言ったことがあるがかなり恥ずかしかったので，それ以来言っていない．しかし，ここではあえて「i があれば可能さ」といっておこう．書籍でもちょっと恥ずかしいが．

4.　人類は論理を選択：負数と虚数の超小史

前節で虚数単位 i を使った．2 乗して負になる「数」なんて実在するのか，という気持ちからだろう，虚数単位 i は想像上の数 (imaginary number) の頭文字となっている．一方，負の数は，数直線を考えれば，0 より右が正で，0 より左が負というように，いかにもあり得る数として古くから知られていた…と思うのが普通であろう．しかし，長さや重さといった量を数値化したとき，正の量や何もない量を 0 ということも理解できても，何もない 0 よりも小さい量としての負の量は到底受け入れ難い．その意味で，数直線を用いた負の数の定義を理解しても，負の数の概念が「腑に落ちる」ことはなかなかなかったようで，その導入は意外に古くない．実際，負数と虚数は 16 世紀のイタリアにおいて 3 次方程式の解法を巡る研究を契機に，仕方なく，あるいは潔く導入された．すなわち，以下にみるように，何もない 0 よりも小さい数，2 乗してその 0 よりも小さい数になる数を，概念的には仕方なく受け入れ，論理的には潔い選択を決断した，といえよう．

◉── カルダノの解法

3 次方程式の解法として名高いカルダノ [1] の解法をここで述べることはしないが,

$$x^3+3px=2q \Longleftarrow x=\sqrt[3]{q+\sqrt{q^2+p^3}}+\sqrt[3]{q-\sqrt{q^2+p^3}}$$

という解の公式を使って，負数と虚数がどのようにして受け入れられたのかを超特急で例示する.

例 4.1 (**負数の受容**)　例えば,

$$x^3+3x=14 \Longleftarrow x=\sqrt[3]{7+\sqrt{50}}+\sqrt[3]{7-\sqrt{50}}$$

である．ここで，$7-\sqrt{50}=\sqrt{49}-\sqrt{50}$ は「嫌な」負数だが，それに目をつむれば，$\left(1\pm\sqrt{2}\right)^3=7\pm\sqrt{50}$ から，実数解

$$x=\left(1+\sqrt{2}\right)+\left(1-\sqrt{2}\right)=2$$

を得る．一方，ほかの 2 つの解は $-1\pm\sqrt{6}i$ であるから，当然捨てる．(解として認めない！)

こうして，唯一の実数解 $x=2$ を得るために (信じるべき) 解法の途中で $7-\sqrt{50}$ という負数が顔を出すことを，受容せざるを得なくなった！

探究 4.1　カルダノの挙げた例 $x^3+6x=20$ でチャレンジしてみよう．(解は，2 と $-1\pm 3i$ である．)

例 4.2 (**虚数の受容**)　例えば,

$$x^3-6x=4 \Longleftarrow x=\sqrt[3]{2+\sqrt{-4}}+\sqrt[3]{2-\sqrt{-4}}$$

---

[1] 現・イタリアの数学者，医者．Girolamo Cardano (英語式：Jerome Cardan)．1501–1576．拝み倒して (？)，タルタリア (Tartaglia，あるいは Niccolo Fontana，1500 (?)–1557 [現・伊]) から 3 次方程式の解法を聞き出した.

である．ここで，わけのわからないもの $\sqrt{-1}$ を記号のように扱えば，$(-1 \pm \sqrt{-1})^3 = 2 \pm \sqrt{-4}$ から，

$$x = \left(-1 + \sqrt{-1}\right) + \left(-1 - \sqrt{-1}\right) = -2$$

となる．3 つの解がすべて実数でもこの「もの」は登場する．この例では $1 \pm \sqrt{3}$ も解である．

探究 4.2　別の例 $x^3 - 9x = 10$ でチャレンジしてみよう．(解は，-2 と $1 \pm \sqrt{6}$ である．)

すなわち，論理的に正当で有用な解法を認めると，その「もの」を無視できなくなった．$x^2 = -1$ に解が欲しいから虚数を導入したのではなく，論理的な正当性を選択したのだ！

何もない 0 よりも小さいものである「負数」の存在は，数直線を使えば可視化される．可視化されると定規などを使って可触的になる．だから実在するのだと勘違いして,「負数」の存在を観念できる．(負数が実在するからその概念を数直線で可視化できるのであって，その逆ではない．)

では「虚数」$i = \sqrt{-1}$ はどのように「勘違い」できるのだろう．

実験 4.2 でみたように i 倍は 90 度回転だった (図 4.8)！

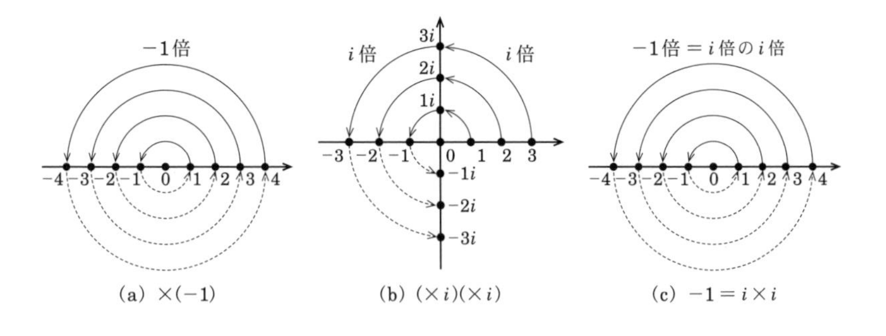

図 4.8

こうして「虚数」も可視化できた．(図 4.8 (b) が後に複素平面へと発展する．)

負数や虚数の話は，人は論理的に正当で，便利で，有用で，そして可視化されていると，古今東西にかかわらず，難物もそのうち受容できるようになる，という良い例である．

第II部

時間差図形の数理3章

第5章

静瞬の砂鉄

磁石で遊んだ，遊んでいる人，磁石を利用した人，利用している人は多いでしょう．磁石で繋がっている玩具の電車で遊んだり，磁石を使って冷蔵庫にメモ紙を貼ったり．磁石にものをくっつけたり，磁石同士の吸引と反発はいじっていて飽きません．はじめて磁石を手にした人はどんな気持ちだったのでしょうね．

1.　磁石と砂鉄

紀元前 6 世紀ころに，羊飼いのマグネスがある種の鉱石が鉄を引きつける現象を発見した．その鉱石はマグネスの石，転じてマグネット (磁石) と呼ばれるようになった．磁石の名前の由来は産地がマグネシアという小アジア付近の都市だからであるという説もある．現代人は天然磁石を自分自身で発見するより早く，玩具や文具で人工磁石を手にしている．二つの磁石は離れていても反発・吸引し，紙を挟んでも遮断されない遠隔力を持つ．だから面白く磁石遊びは飽きないが，磁力の根源は何だろう．

磁石を砂場にもっていったことがある人は少なくないはずだ．磁石を砂に近づけると「砂鉄」がたくさん付着して，それを取り除くのに一苦労する．カラー写真 1 (i ページ) は三本の棒磁石の上にプラスチック板を置いて，その上から「鉄粉」を振りかけたものである．また，写真 5.1 (95 ページ～96 ページ) は磁石の上に紙を載せたときの写真で，磁石の形はそれぞれ

(1) 棒型　　(2) 丸型　　(3) U 字型

の磁石である．いずれにしても，写真 5.4 (99 ページ) のようにティッシュペーパーで鉄粉を濾（こ）しながら，磁石の上のプラスチック板や紙に振りかけた．ここでプラスチック板や紙は見えない磁力による「場」を可視化するためのものであって，磁石に鉄粉が直接付かないようにするためではない．

結果，鉄粉は磁力の影響で理科の教科書に載っているような筋状の模様を形成する．この筋は磁力線の表れであると習うが，磁力線は連続的に密に分布しているはずなのに，なぜ得られる筋はある程度一定の間隔で綺麗な模様を描くのか．

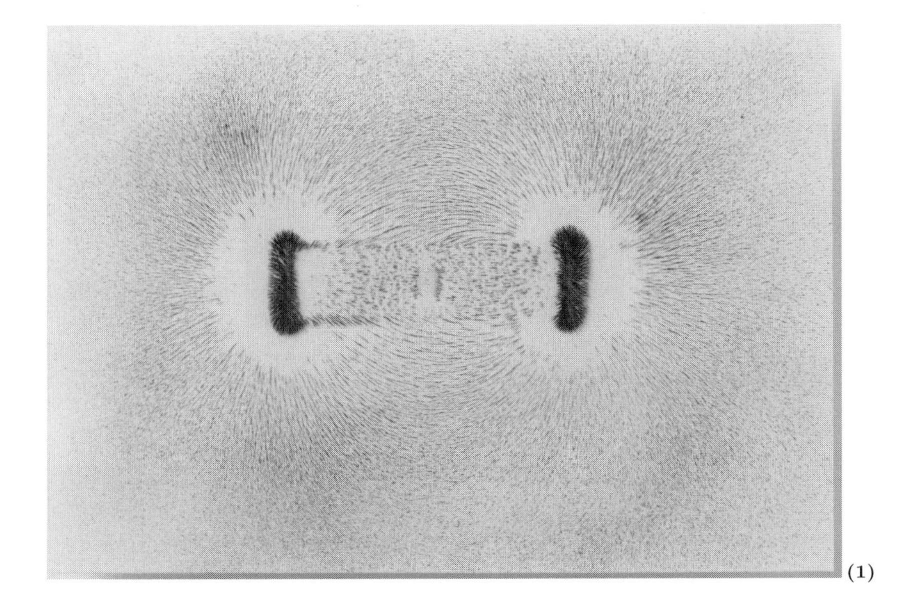

写真 5.1

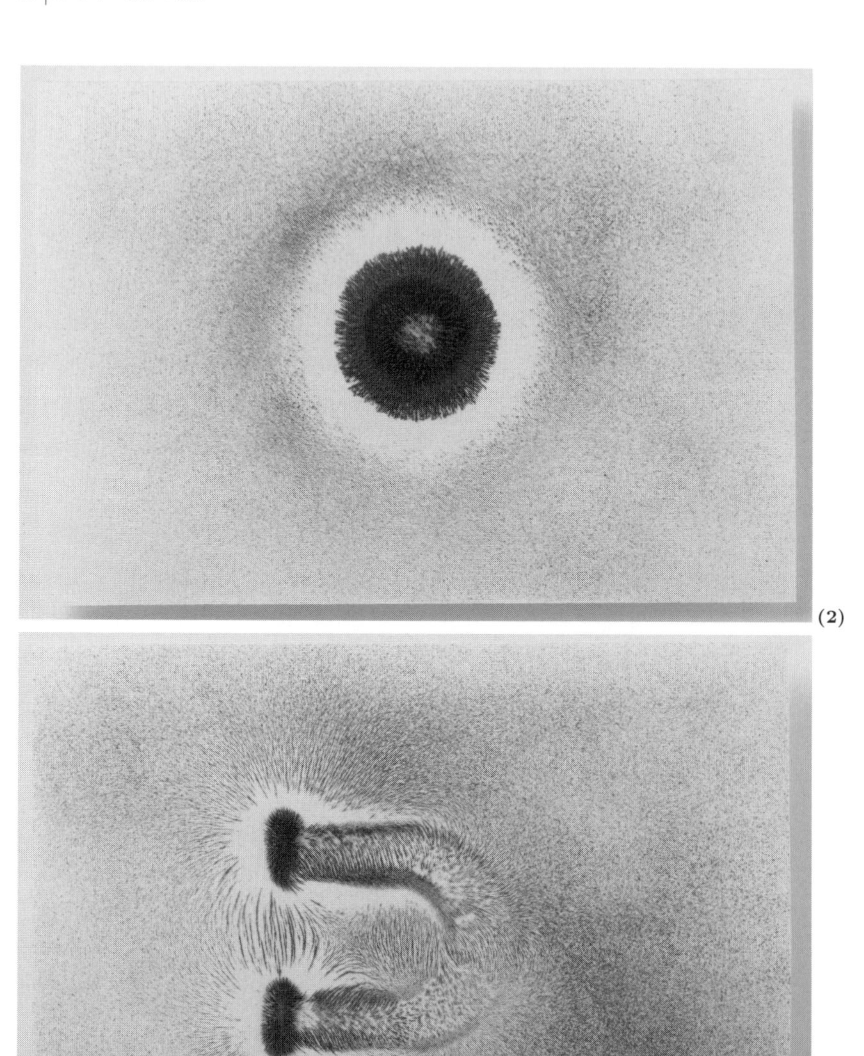

(2)

(3)

写真 **5.1** (続き)

2. 実験とシミュレーション

まずは実験してみよう.

準備 5.1 磁石, 鉄粉 (200 番), コピー用紙, プラスチック板, ティッシュペーパーと柔らかい針金 (園芸ワイヤー) で作ったお手製の濾し器, スプーン (写真 5.2).

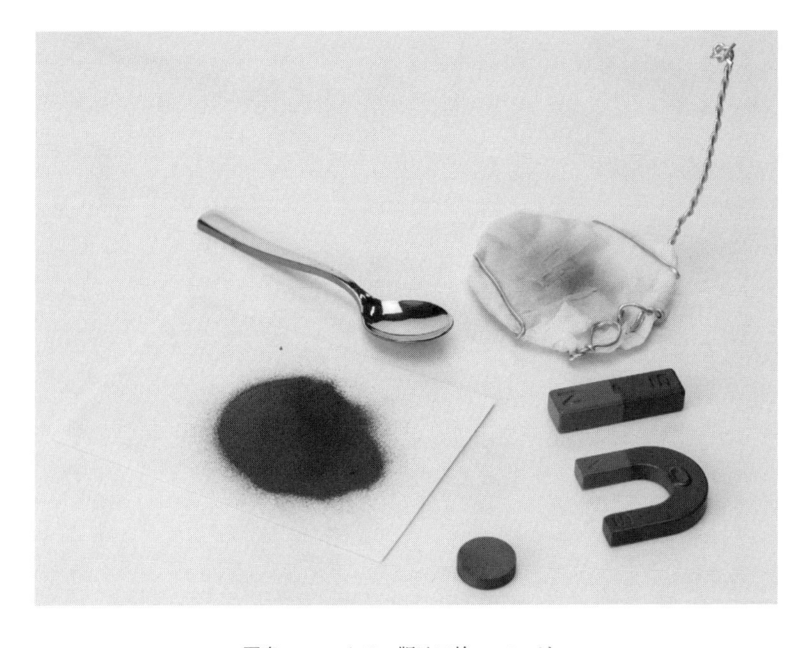

写真 5.2 カラー版は口絵 ii ページ.

実験 5.1 磁石の上に薄いプラスチック板を置いて, その上に鉄粉を振りかける. あるいは, 磁石の上に紙 (葉書くらいの大きさに切ったコピー用紙) を置いてもよい. 紙の場合は, 紙がたわまないようにするため, 写真 5.3 (次ページ) のように, 磁石の両脇に工作用紙を短冊状に数枚切って重ねて, 高さ調節に使うとよい.

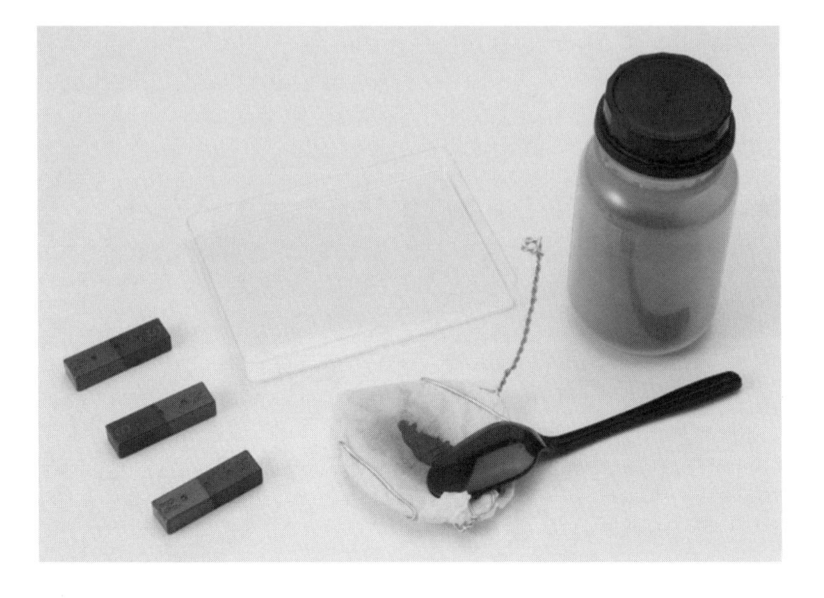

写真 5.2 (続き)

写真 5.3　U 字磁石の両脇にあるものは，工作用紙を短冊状に数枚切って重ねたもので，高さ調節に使う．カラー版は口絵 ii ページ．

プラスチック板を使うと，写真 5.5 (次ページ) のように磁石の位置が見えるので，鉄粉の模様と磁石が同時に観察できる．紙を使った場合は，写真 5.1 のように鉄粉の模様のみがよく観察できる．

いずれにしても鉄粉を少しずつ一様に振りかけるために，写真 5.4 のようにティッシュペーパーと針金で篩(ふる)いや灰汁取り網のようなものを作って，スプーンでティッシュペーパーに鉄粉を押しつけて，濾しながらなるべく偏りのないように振りかける．

写真 5.4　カラー版は口絵 iii ページ．

実験の結果，鉄粉で真っ黒にならずに，筋のようなものが生成される．

なぜだろうか．それを探るために，クーロンの法則 (逆二乗の法則) を仮定したコンピュータ・シミュレーションをした．

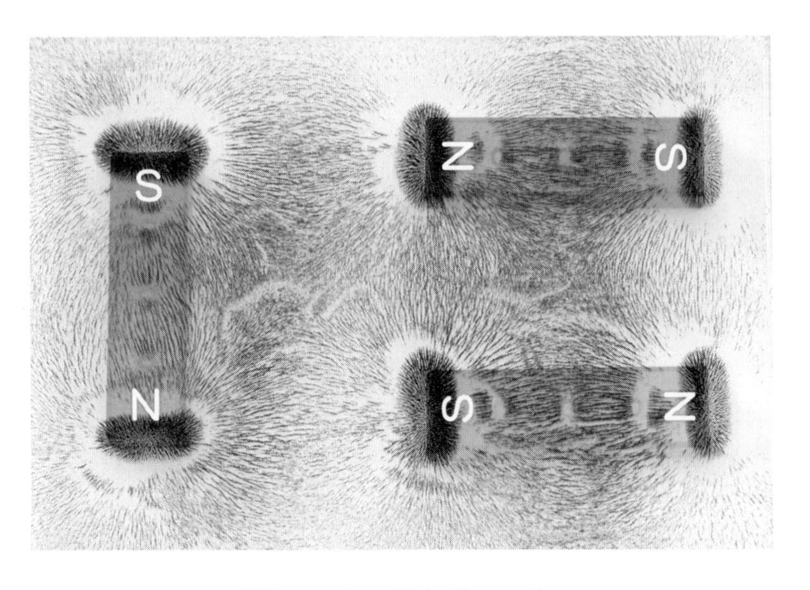

写真 5.5　カラー版は口絵 i ページ.

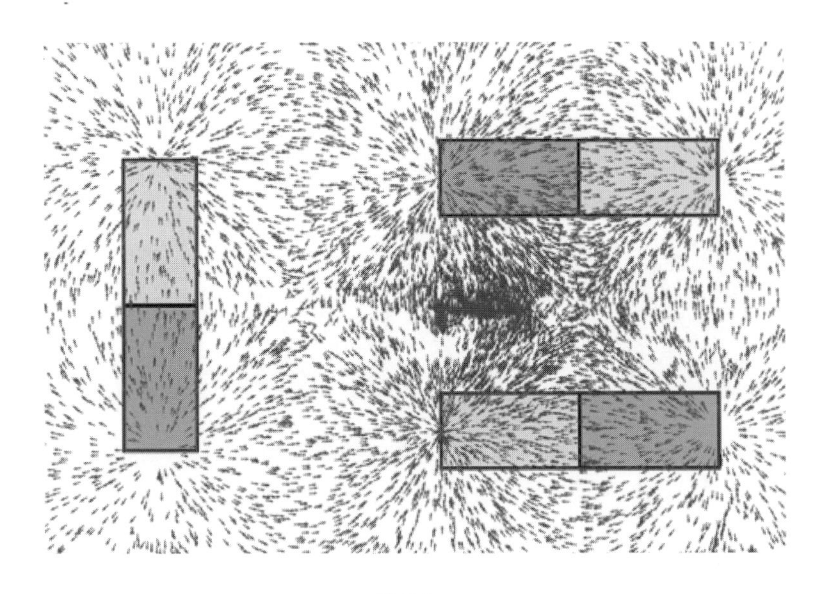

図 5.6

比較のためカラー写真 1 のモノクロ版を再掲した (写真 5.5). 図 5.6 (前ページ) は明治大学大学院理工学研究科の下地優作氏によるものである. (上のテッシュを使った実験のアイディアも同氏による.) 鉄粉を点とし, その点をクーロンの法則から得られるベクトル方向のスカラー倍の速度ベクトルでもって, 動かなくなるまで点を動かす (プログラムを実行する).

初期状態において鉄粉はランダムに配置されていて, 三本の棒磁石によって生成される磁場に従って動くが, 動かなくなった鉄粉は磁化されたものとみなして, 三本の棒磁石と動かなくなった鉄粉によって生成される磁場に従って, 残りの鉄粉を動かすというルールである. 結果, 図 5.6 のような写真 5.5 に似た模様が得られた.

一方, 写真と似ていないところもある. 棒磁石の端における模様が写真と異なる理由として, 数値実験では棒磁石の代わりに N 極と S 極の二点を棒磁石の両端点においていることや, 鉄粉を振りかけるという三次元的操作を導入していないことがその要因として考えられる. 磁力線は三次元的に分布しているため, 鉄粉が落下している途中で磁場の影響を受けるはずだからである. また, 図 5.6 の筋は鉄粉の線分状塊を再現しているように見えるが, 矢印ベクトル場を描いたものである. これらは解決できると思うが今後の課題である.

ガリレオ・ガリレイは自然という書は数学の言葉で書かれているという趣旨を述べた [13, p.308]. 北極 (南極) 付近にある地磁気を S(N) とする. N 同士, S 同士は反発し, N と S は吸引し合う. N を $+$, S を $-$ とし, 力の反発を $+$, 吸引を $-$ と定義すれば, 数学の代数的演算が自然現象にあてはまる. 現象の説明に数学という記述言語は適しているが, 数学が現象を規定しているわけではない. したがって,「負数 × 負数」の説明に「借金 × 借金」を持ち出すのはおかしいのである.

補遺 本章のタイトルは石川達三の『青春の蹉跌 [19]』を模したのもです. 同題の響きがあまりに心地よく格好良く, そこから離れられませんでした.

第6章
ひび，あるいは亀裂

道路のひびや建造物の亀裂など，ひびや亀裂は，あまり嬉しくないものである．一方で，デザインとしては綺麗に見えることもある．最初に紹介するクラックビー玉はそのような例である．クラックビー玉のひびは一瞬で生成されるが，泥水が乾いてひび割れるように，1 日くらい経ってから浮き上がってくるひびもある．そのようなひびには，どろどろだったときの様子が履歴として現れる．あたかもひびが昔の記憶をもっているかのように．

1.　クラックビー玉

写真 6.1 (次ページ) はクラックビー玉である．英語の crack (割れ目，ひび，亀裂) とビー玉の合成語で，もともとビー玉はポルトガル語の vidro (ガラスの異称) と玉の合成語だったから，クラックビー玉は三か国合成語の俗称といえる．

「ひび」は罅と書くようだ (図 6.2 (1)，次ページ)．偏(へん)は缶，旁(つくり)の (図 6.2 (2) の) 漢字は，とらかんむり (虍) と音声の乎(こ)の組み合わせで，咆えるさま，あるいは嘆息の声「ああ」の意．嗚呼(ああ)は烏乎とも書き，烏 (鳥) を追いかけるときの声が由来と言われている．一方，偏の缶は罐の略字で土器などの器の意．こうして土器にひびが入ることを罅と書くようになる．もしかしたら，せっかく作った土器にひびが入って「あーあ」と嘆いた声を漢字に加えたのか

写真 6.1　カラー版は口絵 iv ページ.

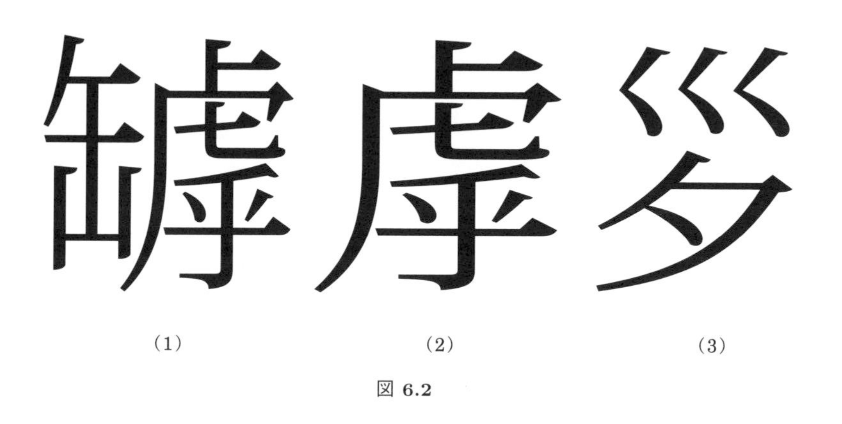

図 **6.2**

も．勝手な空想ですけど．(毎回嘆くこともないだろうから，きっとひび割れの音なのだろう．)

亀裂の由来はなんでしょう．亀の甲羅の模様から皸の意味として「亀」を使ったことは容易に想像つくし,「裂」は部首に衣が入っているのでいかにも布地を切り裂いた感じが出ている．ではがつ (歹) にりっとう (刀) と書く「列」は何か．歹は毛髪のある頭骨 (図 6.2 (3) の漢字) が由来らしい．加えて列は連なる意に通じた．ということは列は刀で毛髪のある頭骨を作って，それを ….こちらの空想は血なまぐさくなってきたのでやめておく．

2.　ひびや亀裂の簡単実験

準備 6.1　① ビー玉，フライパン，コンロ，スプーン，氷水 (図 6.3).
② ビー玉をフライパンでただ熱する．

写真 6.3　カラー版は口絵 iii ページ．

注意 6.1　油などを敷かずに空だきすると，温度は 300 度以上になるため，フライパンの柄がプラスチックだとその部分が溶けて異臭を発する場合がある．そのときはすぐに中止すること．

実験 6.1　ビー玉をフライパンで十分に熱したら，スプーンで注意深くビー玉をすくって，氷水の中にそっと入れる．すぐに亀裂が生成されるだろう．クラックビー玉の出来上がりである．

氷水に入れたとき，ビー玉内部にたくさんの亀裂が走るが，ビー玉が二つに割れるようなことはほとんどない．実際，氷水で十分に冷やして出来上がったクラックビー玉を手にとると，表面はひび割れていないことがわかる．

注意 6.2　クラックビー玉は普通のビー玉に比べるとやはり割れやすい．落としたりぶつけたりすると簡単に割れるのでご注意を．

表面はそのままで，内部に亀裂が走ることは鋼鉄の建造物でもあり得る．例えば，山間部の鉄塔は，日中は太陽に照らされ，夜は急冷されるという過酷な状況で林立している．加えて，風雨にさらされるためサビの問題もあって亀裂が起きやすい．電車の線路も同様に過酷な状況下に設置されているが，さらに走る電車の加重にも耐えねばならないという試練がありこちらも亀裂が起きやすい．ガラスの場合は内部亀裂が見えるが鋼鉄の場合は見えない．内部亀裂の問題は深刻で，現在も活発に研究がなされている．

●── 手軽な亀裂実験

もっと手軽にできる亀裂実験を紹介しよう．

準備 6.2　ヨーグルトの蓋，おかしの袋，手書き OHP シート．

実験 6.2　蓋や袋に切れ目を二箇所入れる (1cm 程度の間隔を開ける)．指でつまんで切れ目を広げる．すると写真 6.4 (a) (次ページ) のようになるだろう．

注意 6.3　いろいろな袋で試してみるとよいが，少なくとも特殊なコーティングの蓋や二重構造の袋ではうまくいなかった．

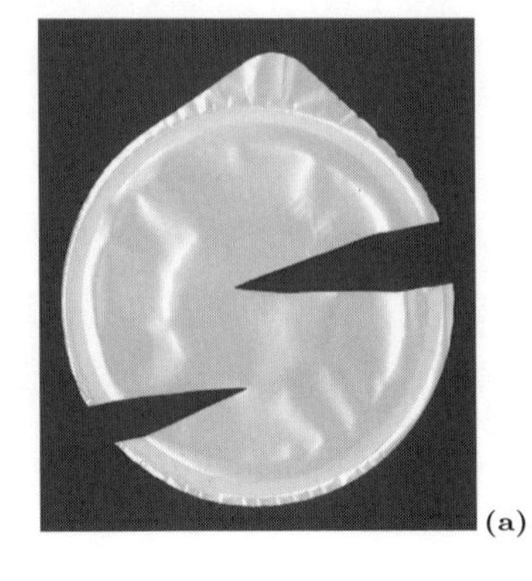

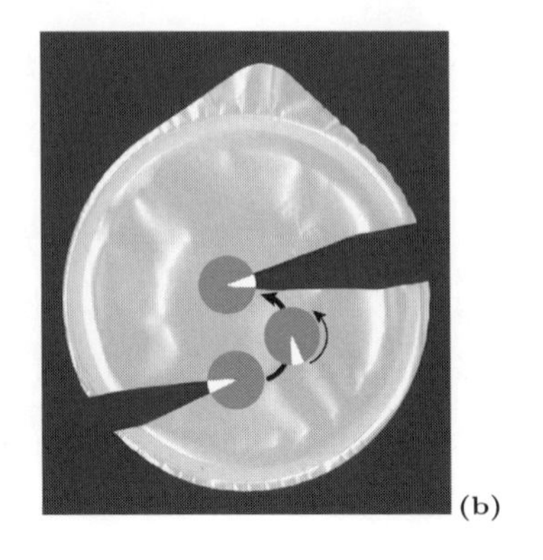

写真 6.4

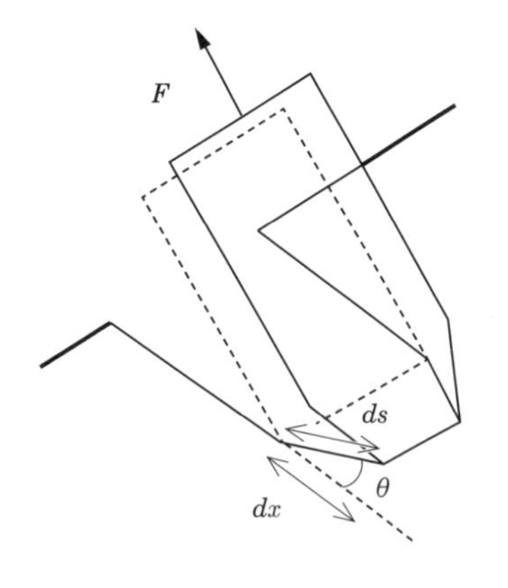

図 6.5　Roman [42, Fig.2] より引用

同じ蓋や袋だとどこで切っても最終的には同じ形状の先端切れ目が出来上がる (写真 6.4 (b))．このような亀裂現象は詳細に研究されている (図 6.5)．

3.　ペーストはかき混ぜ方を記憶する!?

紙に書いた文字を消すものといえば消しゴムが真っ先に思いつく．最近は摩擦熱も流行っている．その他，黒塗り，修正液など力業で文字を消すこともある．いずれも文字の消去法である．しかし，その気になれば紙のへこみを浮き彫りにしたり，紙を冷やしたり，透かしたりして書いた文字をそれなりに復活させることができる．一方，文字に文字を重ね書きして混乱させる方法もある．木を隠すなら森の中にという逆転の発想である．例えば「解読」に「困難」をひっくり返して重ねると「[illegible]」となって文字を消してないのに堂々と判読不能になる．

(a) (a′)

(b) (b′)

写真 6.6　カラー版は『数学セミナー』2017 年 7 月号表紙.

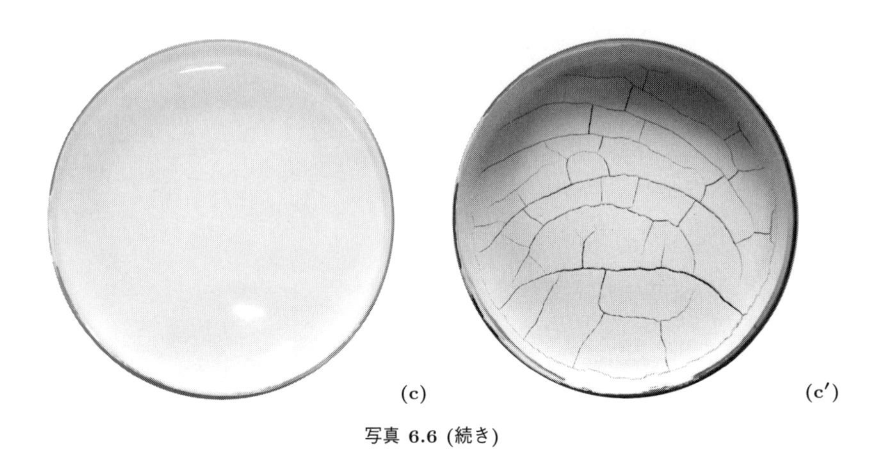

写真 6.6 (続き)

写真 6.6 (a)(b)(c)(107〜108 ページ) は，炭酸カルシウムと水の 2 : 1 混合液をシャーレに入れ，箸で攪拌し，真上から撮影したものである．写真 6.6 (a′)(b′)(c′) は写真 6.6 (a)(b)(c) をそれぞれ一晩放置した後の状態の写真で，乾燥により特徴的にひび割れている．いわば

写真 6.6 (a)　「縦方向傷」

写真 6.6 (b)　「右回転傷」

写真 6.6 (c)　「揺動回転」

という状況で，それぞれ互いに大きな差異はみられない，つまりどのように攪拌したかの痕跡はないが，一晩の放置によりそれぞれの重ね文字から「乾燥亀裂」の文字が消え，

写真 6.6 (a′)　「縦方向傷」

写真 6.6 (b′)　「右回転傷」

写真 6.6 (c′)　「揺動回転」

が浮き彫りになり，それぞれの攪拌履歴が露見したのである．

●—— どのように実験したか

準備 6.3　① チョークの原材料である炭酸カルシウム 20g と水 10g を混ぜてペースト状にした「どろどろ混合液」を一つのシャーレに注ぐ．表紙の写真のプラスチック・シャーレの大きさは直径 8.5 cm である．

② 割り箸などでどろどろ混合液を「一定のかき混ぜ方」で攪拌する．例えば，図 6.7 (a) のように縦方向に往復させただけでもよいし，図 6.7 (b) のように右周りにぐるぐると回しただけでもよい．あるいは，混合液を直接かき混ぜずに，例えば混合液全体がよく混ざるようにシャーレを手の平の上に乗せて，シャーレ全体を斜めに揺り動かしながら反時計回りに回してもよい (図 6.7 (c))．

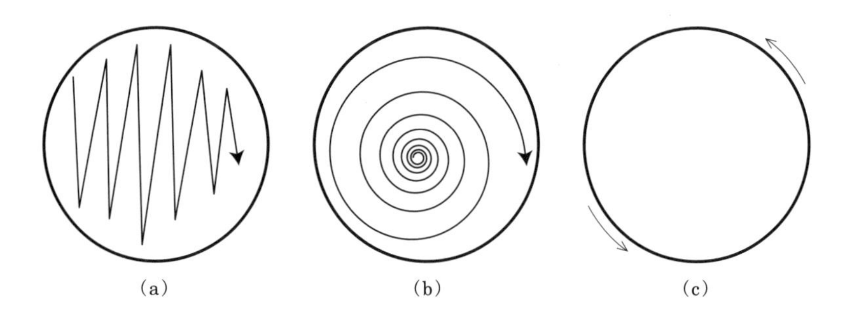

図 6.7

実験 6.3　攪拌や揺動させた後，静かに放置する．攪拌や揺動の痕跡はすぐに消えて分からなくなり，写真 6.6 (a)(b)(c) のような状態になる．この時点ではじめてシャーレ (a)(b)(c) の中のどろどろ混合液を見た人は，どれがどのようにかき混ぜられたかはわからない．そして，一晩そのまま放置しておくと，水分が蒸発して，写真 6.6 (a′)(b′)(c′) のように，ひびの入った乾燥したかさかさの塊となる．写真 6.6 のそれぞれのどろどろ混合液は，以下の混ぜ方をしたものである．

- **写真 6.6 (a)(a′)**：箸を縦方向に往復させただけのかき混ぜ方 (図 6.7 (a))
- **写真 6.6 (b)(b′)**：箸を右向きに回転させただけのかき混ぜ方 (図 6.7 (b))

- **写真 6.6 (c)(c′)**：箸を使わずに，容器全体を斜めに揺り動かしながらの反時計方向に溶液を回転させた混ぜ方 (図 6.7 (c))

攪拌や揺動のさせ方の履歴が，ひび割れ (亀裂パターン) として出現している．たしかに，写真 6.6 (a′) は縦方向にひび割れていて，写真 6.6 (b′) は回転方向にひび割れている．写真 6.6 (c′) は (a′) や (b′) とは違うひび割れ方で，揺動，回転させたといわれるとそう見えなくもない．それぞれのひび割れ方は，あたかもペーストが混ぜ方を記憶していたかのようである．

本実験は，中原明生氏 (日本大学) による「PPM2008 特別実験講座：ペーストの記憶と乾燥亀裂パターン [33]」の実験を参考に形式的に模倣したものである．[33] の実験では，もっと大きな径のシャーレに炭酸カルシウムと水を 2 : 1 の割合で混ぜたペースト混合液を注ぎ，直接かき混ぜずに，シャーレ全体を縦方向に揺らしたり回したりして，混合液に揺れや流れを与えて乾燥させた．結果は研究集会 PPM2008 [33] や中原氏のホームページ [32] の写真を参照されたい．

ペーストはかき混ぜ方を記憶していると擬人化して表現したが，ペーストに脳はない．かき混ぜた直後は，写真 6.6 (a)(b) のように肉眼では区別が付かないだけで，どろどろしていても乾燥する前は流れが生じる程度の液体であるので，かき混ぜ方の履歴が初期の液体の動き方に影響しているのは必至であろう．また，写真 6.6 (a′)(b′) をよく見ると，かき混ぜた方向の縦方向と右回転方向に大きなひび割れとそれらのひび割れに直交する方向に小さなひび割れが見える．ひび割れする時刻と場所を事前に特定できるだろうか．

炭酸カルシウムを用いなくても，ひび割れは日常的に観察できる．例えば，泥水が干上がった後，泥がひび割れているのを見たことのある人は多いであろう．そのときのひび割れが写真 6.6 (a′)(b′) のようになっていたら面白い．泥水が何かされた可能性がある．泥水も過去の履歴を記憶しているだろうから．

第 **7** 章

紙を折って曲線

紙を斜めにたくさん折り曲げて，放物線を浮き彫りにさせてみよう．この折り方は包絡線という概念に昇華される．

1.　紙を折って放物線

準備 7.1　A4 用紙，いらない紙，蛍光ペン (少し太いペン).

手順 7.1　以下の手順でたくさんの直線から放物線を浮き彫りにしてみよう．

(1) 横向きに置いた A4 用紙の底辺を 16 $(= 2^4)$ 等分する．底辺付近だけ半分半分に折っていき，図 7.1 (次ページ) のように目盛を付ける．底辺の目盛の位置を左から，$\mathrm{A}_0, \mathrm{A}_1, \cdots, \mathrm{A}_{16}$ としよう．

(注：●は図を見やすくするためで，●印を付ける必要はない．)

(2) 図 7.2 (次ページ) のように，縦辺を 3 等分した底辺から一つ目の 3 等分線 (破線) と底辺の 2 等分線 (A_8 を通る底辺の垂線 (破線)) の交点を F とする．

(注：上底辺から一つ目の 3 等分線 (破線) は折る必要はない．また，3 等分線は目安であって,「放物線を浮き彫りにする」という目標を達成するのに厳密な 3 等分線が必要なわけではない．)

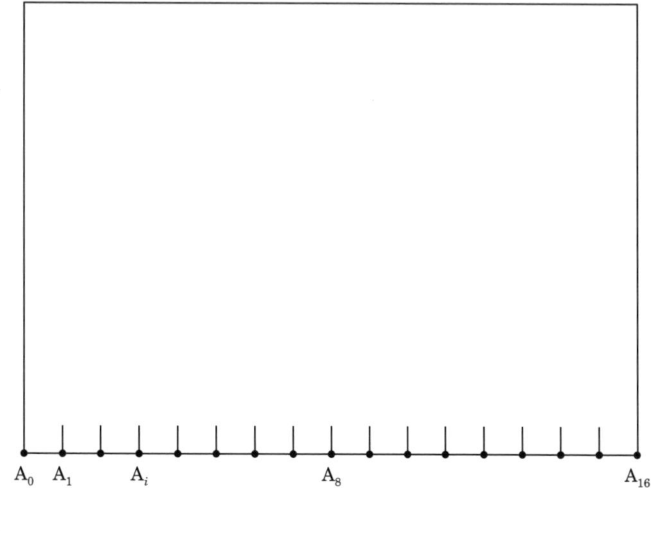

図 **7.1**　底辺を 16 等分.

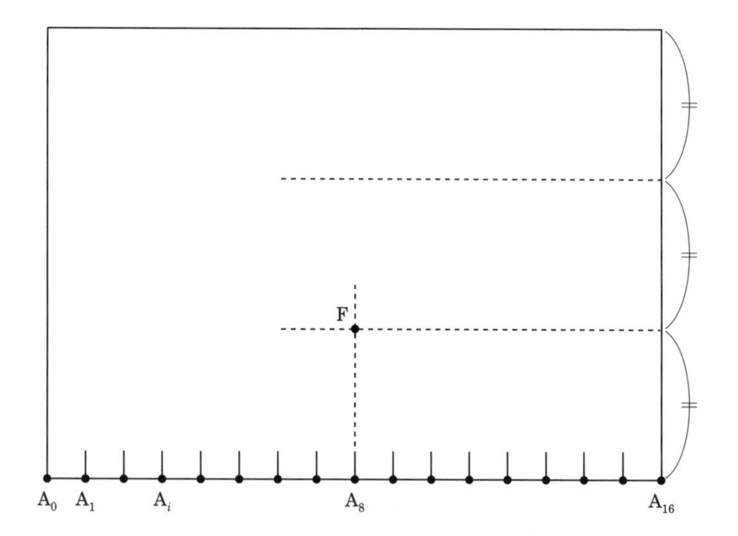

図 **7.2**　縦辺を 3 等分.

(3) 図 7.3 のように A_i を F に合わせるように折り，図 7.4 (次ページ) や図 7.5 のように，折った状態で，折れ線を蛍光ペンなどの太いペンで「はみだすように」なぞって線を太く書く．各 $i = 0, 1, 2, \cdots, 16$ に対して，折って，書いて，広げて，を繰り返す．

(注：机に描かないように，下にいらない紙を敷いておくとよい．)

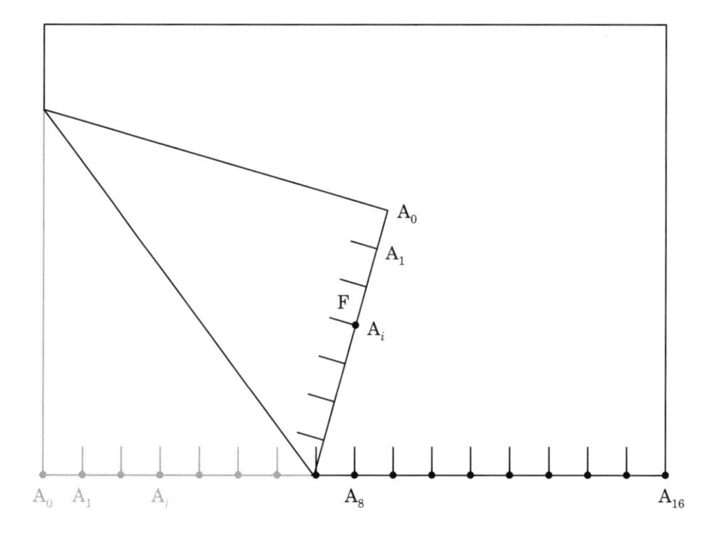

図 **7.3** A_i を F に合わせるように折る ($i = 0, 1, 2, \cdots, 16$).

(4) 図 7.6 (115 ページ) は (3) の作業を $i = 0, 1, 2, \cdots, 8$ まで実行した図である．

(5) 紙を裏返すと，太い線の半分くらいの太さの多くの線が描かれていて，放物線が浮き彫りになる (図 7.7，115 ページ)．

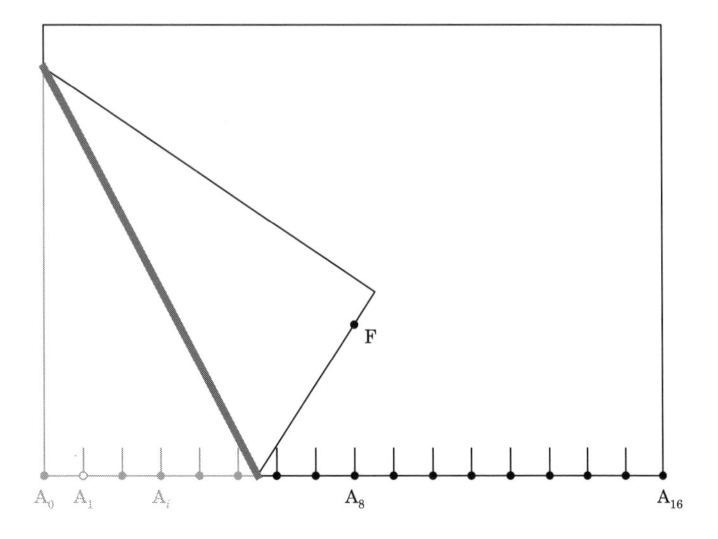

図 **7.4**　A_1 を F に合わせた折れ線を蛍光ペンで太くなぞる.

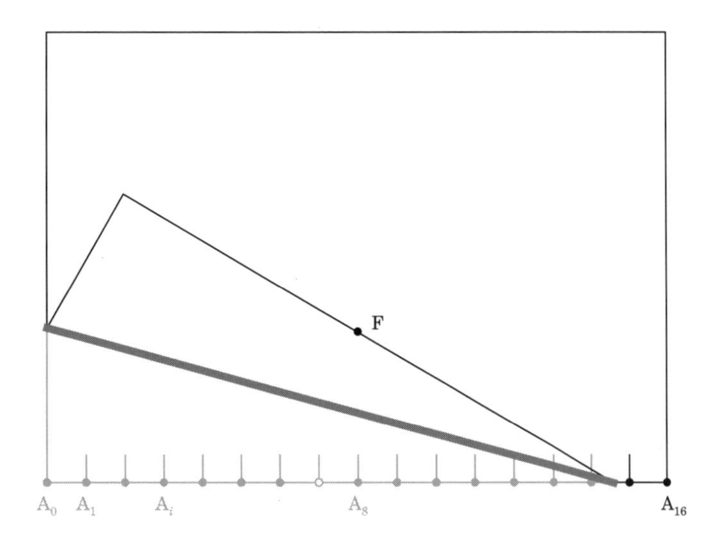

図 **7.5**　A_7 を F に合わせた折れ線を蛍光ペンで太くなぞる.

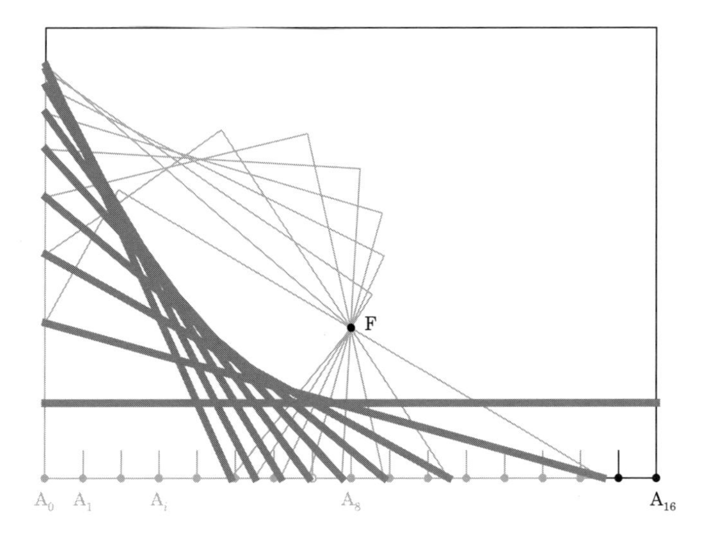

図 **7.6**　A_i を F に合わせた折れ線を蛍光ペンで太くなぞる $(i = 0, 1, 2, \cdots, 8)$.

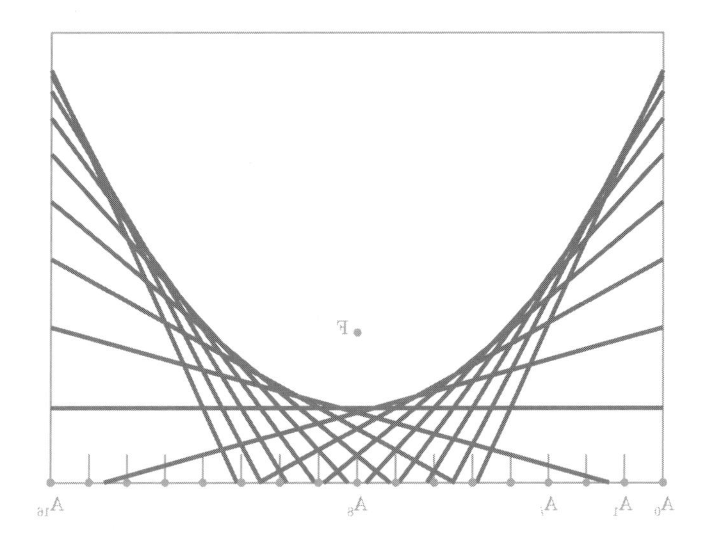

図 **7.7**　紙を裏返すと放物線が浮き彫りになる.

◉—— なぜ放物線が浮き彫りになるのか

手順 7.1 によって，なぜ図 7.7 のように放物線が浮き彫りになるのか．その前に，そもそも図 7.7 から想起される曲線は本当に放物線なのか．

以下，7 段階に分けて考察しよう．

第 1 段　図 7.8 (次ページ) のように，A4 用紙の横と縦の長さをそれぞれ X, Y とし，S, T を横と縦の長さをそれぞれ 2 等分，3 等分した長さとする．

第 2 段　A4 用紙の底辺に点 A をとり，それを点 F に合わせる点とする．(注：点 A は必ずしも (1) の 16 等分点でなくてもよい．)

第 3 段　点 A を点 F に合わせた折ったときの折れ線の (底辺上の) 端点を B とし，左端点 A_0 から A と B までの長さをそれぞれ α, β とおく．BF と底辺のなす角を θ とおき，点 A を通る底辺の垂線と折れ線の交点を P とする．このとき，作り方から FP = AP である．よって，

> 折れ線をペンでなぞったとき，その線上に必ず底辺上の点 A と点 F から等距離にある点がただ一つある

ことになる．

第 4 段　直角三角形 A_8BF に対するピタゴラスの定理から，図 7.8 と図 7.9 (次ページ) のいずれの場合においても，つまり，点 B が A4 用紙の半分から左にあっても右にあっても

$$(S-\beta)^2 + T^2 = (\beta-\alpha)^2$$

が成り立つ．これより，

$$\beta = \frac{S^2 + T^2 - \alpha^2}{2(S-\alpha)}$$

がわかる．

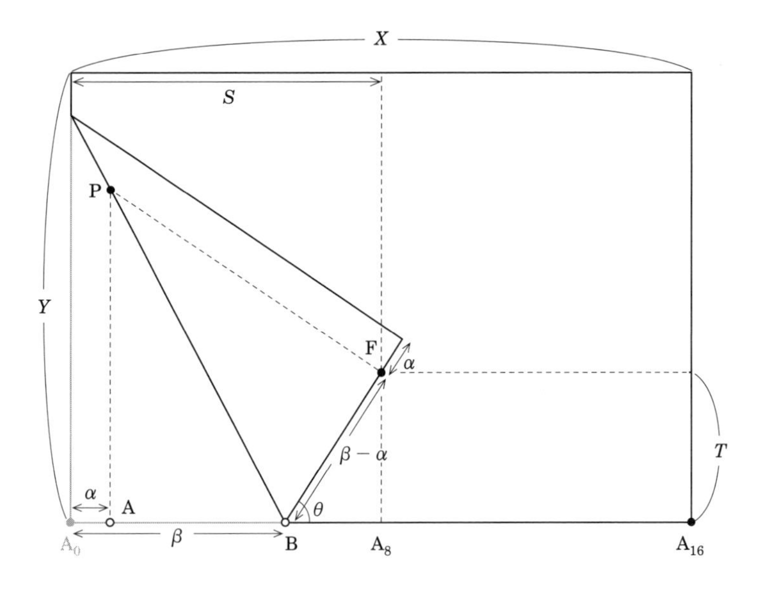

図 7.8

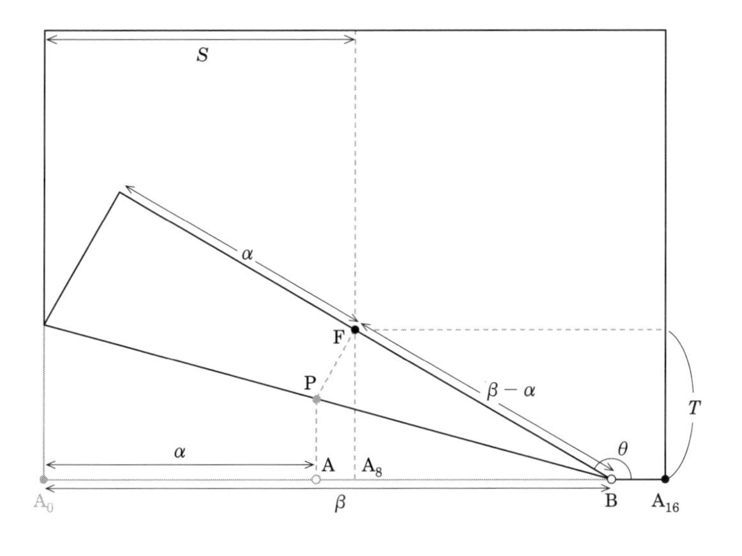

図 7.9

第 5 段　点 A が 16 等分点の一つ A_i であったとき，$\alpha = \dfrac{i}{8}S$ である ($i = 0, 1, \cdots, 7$)．また A4 用紙なので縦横比が仮に厳密であったとすると $X = \sqrt{2}Y$ で，S, T も横と縦の長さをそれぞれ仮に厳密に 2 等分，3 等分した長さとすると，$S = \dfrac{X}{2}$, $T = \dfrac{Y}{3}$ より $T = \dfrac{\sqrt{2}}{3}S$ となる．よって，

$$\frac{\beta}{S} = \frac{1 + \dfrac{2}{9} - \dfrac{i^2}{64}}{2\left(1 - \dfrac{i}{8}\right)} = \frac{704 - 9i^2}{144(8 - i)}$$

より，$i = 0, 1, \cdots, 4$ のとき $\beta < S$ で，$i = 5, 6, 7$ のとき $\beta > S$ となることがわかる．これらはそれぞれ図 7.8 と図 7.9 に対応している．

第 6 段　図 7.10 は各 $i = 0, 1, \cdots, 16$ について，点 A_i を通る底辺の垂線と折れ線の交点を○で描いた図である．この点を P_i としよう．いま，底辺の中点 A_8 を原点 O とし，ベクトル $\overrightarrow{\mathrm{OF}}$ 方向を y 軸の正の方向，ベクトル $\overrightarrow{\mathrm{OA}_{16}}$

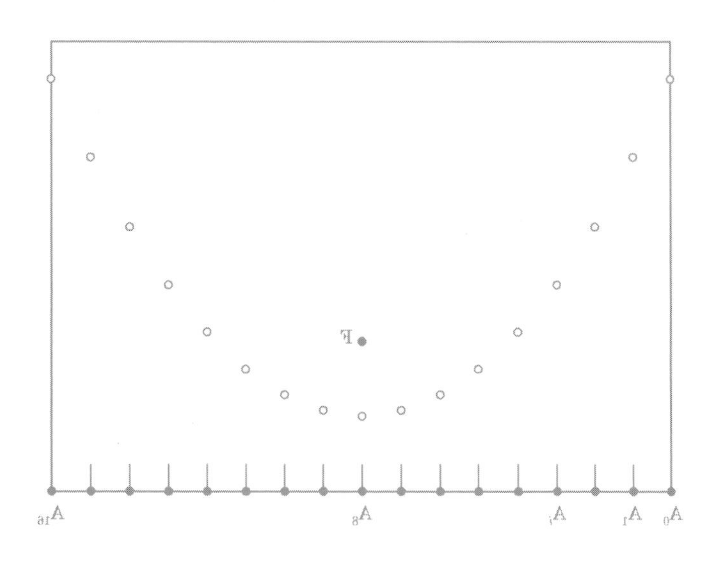

図 **7.10**　○は点 F と点 A_i からの距離が等しい点 P_i ($i = 0, 1, \cdots, 16$).

方向を x 軸の正の方向とする座標平面を考えると，点 F の座標は $(0,T)$ で，点 A_i の座標を $(x_i,0)$ とすると $x_i=\left(-1+\frac{i}{8}\right)S$ である $(i=0,1,\cdots,16)$．よって，点 P_i の座標を (x_i,y_i) とすると，$\mathrm{FP}_i=\mathrm{A}_i\mathrm{P}_i$ から，

$$x_i^2+(y_i-T)^2=y_i^2 \iff y_i=\frac{1}{2T}x_i^2+\frac{T}{2} \qquad (i=0,1,\cdots,16)$$

となる．これより，各 i について，点 P_i は，放物線

$$y=\frac{1}{2T}x^2+\frac{T}{2}$$

上の点であることがわかった．

第 7 段　最後に放物線を浮き彫りにした図 7.7 の直線群について考えよう．各 i について，点 A_i を点 F に合わせて折った折れ線と底辺の交点を点 B_i とし，その座標を $(b_i,0)$ とする．このとき，$\mathrm{A}_i\mathrm{B}_i=\mathrm{B}_i\mathrm{F}$ だから，

$$(x_i-b_i)^2=b_i^2+T^2 \iff b_i=\frac{x_i}{2}-\frac{T^2}{2x_i}$$

よって，折れ線，すなわち直線 $\mathrm{P}_i\mathrm{B}_i$ は，

$$y=\frac{y_i}{b_i-x_i}(b_i-x)$$

である．特に，この直線の傾きは，

$$\frac{y_i}{x_i-b_i}=\frac{\frac{1}{2T}x_i^2+\frac{T}{2}}{\frac{x_i}{2}+\frac{T^2}{2x_i}}=\frac{x_i}{T}$$

である．これは，放物線 $y=\frac{1}{2T}x^2+\frac{T}{2}$ の点 P_i における接線の傾きに等しい．これより，折れ線の式は

$$y=\frac{x_i}{T}(x-b_i)=\frac{x_i}{T}\left(x-\frac{x_i}{2}+\frac{T^2}{2x_i}\right)=\frac{x_i}{T}x-\frac{x_i^2}{2T}+\frac{T}{2} \qquad (7.1)$$

となって，折れ線，すなわち直線 P_iB_i は，P_i を通る放物線の接線であることがわかった．図 7.7 の直線群は放物線の接線群だった！(注：本章で使っている○○群という言葉は日常用語の素朴な「集まり」という意味で，数学用語の「群」とは関係ない．)

以上の実験を一般化した概念を次節で述べよう．

2.　包絡線

曲線族 $\Gamma = \{\Gamma_t\}_{t \in I}$ に対して，曲線 E が Γ の包絡線 (envelope) であるとは，曲線 E 上の任意の点は，曲線族 Γ に属するある曲線 Γ_t 上にあり，かつその点において E と Γ_t は共通接線をもち，しかも E 自身は Γ に属さないことをいう．(注：パラメータ t の動く区間 I は実数全体 $\mathbb{R}$ でもよいし，有限区間 (a, b) でもよい．)

パラメータ t を一つ固定し，曲線 Γ_t が $F(x, y, t) = 0$ と表されているとする．図 7.11 のように点 P から少し離れた曲線 Γ_t 上の点を $Q(x + \Delta x, y + \Delta y)$ とする．このとき，点 Q は Γ_t 上の点だから $F(x + \Delta x, y + \Delta y, t) = 0$ を満たす．

図 7.11 の点 $Q \to Q' \to Q'' \to P$ のように，曲線に沿って点 Q を点 P に限りなく近づけることを考える．$\varepsilon = \sqrt{\Delta x^2 + \Delta y^2}$ とおき，ε が十分に小さ

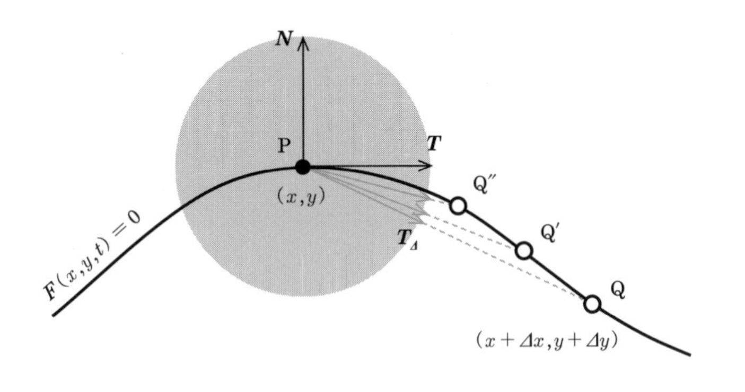

図 7.11

いとして，以下のように展開する．

$$\begin{aligned} &F(x+\varDelta x, y+\varDelta y, t) \\ &\quad = F(x,y,t) + F_x(x,y,t)\varDelta x + F_y(x,y,t)\varDelta y + o(\varepsilon) \end{aligned} \tag{7.2}$$

ここで，$F_x = \dfrac{\partial F}{\partial x}$, $F_y = \dfrac{\partial F}{\partial y}$, $\varepsilon \to 0$ のとき $\dfrac{o(\varepsilon)}{\varepsilon} \to 0$ である．点 P も点 Q も $\varGamma_t$ 上の点だから $F(x+\varDelta x, y+\varDelta y, t) = F(x,y,t) = 0$ なので，(7.2) の両辺を ε で割って，

$$\begin{pmatrix} F_x \\ F_y \end{pmatrix} \cdot \frac{1}{\varepsilon} \begin{pmatrix} \varDelta x \\ \varDelta y \end{pmatrix} + \frac{o(\varepsilon)}{\varepsilon} = 0$$

を得る．ベクトル $\dfrac{1}{\varepsilon}\begin{pmatrix} \varDelta x \\ \varDelta y \end{pmatrix}$ を $\boldsymbol{T}_\varDelta$ とおくと，$\boldsymbol{T}_\varDelta$ はベクトル $\overrightarrow{\mathrm{PQ}}$ 方向の単位ベクトルである．すなわち，図 7.11 の灰色の円を点 P を中心とした単位円とすると，ベクトル $\overrightarrow{\mathrm{PQ}}$ を灰色の円で切り取った灰色のベクトルが $\boldsymbol{T}_\varDelta$ である．

ここで，$\varepsilon \to 0$ とすると，ベクトル $\boldsymbol{T}_\varDelta$ は大きさを 1 に保ったまま，ある単位ベクトル $\boldsymbol{T}$ に収束する．$\boldsymbol{T} = \boldsymbol{T}(x,y,t)$ を点 P における単位接線ベクトルという．これより $\begin{pmatrix} F_x \\ F_y \end{pmatrix} \cdot \boldsymbol{T} = 0$ であるので，ベクトル $\begin{pmatrix} F_x \\ F_y \end{pmatrix} = \begin{pmatrix} F_x(x,y,t) \\ F_y(x,y,t) \end{pmatrix}$ は点 P における法線方向のベクトル (図 7.11 の $\boldsymbol{N}$) であることがわかる．

以上の準備のもと，包絡線 E が曲線 $\varGamma_t$： $F(x,y,t)=0$ の族を用いてどのように特徴付けられるのかをみていこう．

すなわち，包絡線 E が $\begin{cases} x = X(t) \\ y = Y(t) \end{cases}$ のようにパラメータ表示されている場合，$X(t)$ と $Y(t)$ がどのような関係であるべきかを明らかにする．

まず，E と $\varGamma_t$ が点 $(X(t), Y(t))$ で接している，すなわちその点で共通接線をもつとしよう．このとき，

$$F(X(t), Y(t), t) = 0$$

の両辺を t で微分すると，$F_t = \dfrac{\partial F}{\partial t}$ として，

$$\begin{aligned} &F_x(X(t),Y(t),t)X'(t) + F_y(X(t),Y(t),t)Y'(t) + F_t(X(t),Y(t),t) \\ &= \begin{pmatrix} F_x(X(t),Y(t),t) \\ F_y(X(t),Y(t),t) \end{pmatrix} \cdot \begin{pmatrix} X'(t) \\ Y'(t) \end{pmatrix} + F_t(X(t),Y(t),t) = 0 \end{aligned}$$

となる．ここで，$\begin{pmatrix} X'(t) \\ Y'(t) \end{pmatrix}$ は曲線 E の接線方向のベクトルであるから，E と Γ_t が共通接線をもつという仮定から，適当な $\lambda \neq 0$ を用いて $\begin{pmatrix} X'(t) \\ Y'(t) \end{pmatrix} = \lambda \boldsymbol{T}(X(t),Y(t),t)$ と表すことができる．$\begin{pmatrix} F_x(X(t),Y(t),t) \\ F_y(X(t),Y(t),t) \end{pmatrix}$ は法線方向のベクトルであったから，$F_t(X(t),Y(t),t) = 0$ がわかる．

以上より，$X(t)$ と $Y(t)$ は連立方程式

$$\begin{cases} F(X(t),Y(t),t) = 0 \\ F_t(X(t),Y(t),t) = 0 \end{cases}$$

の解として特徴付けられることがわかった．

3.　包絡線の例

包絡線のいくつかの例をみてみよう．

◉―― 放物線

第 7.1 節で，たくさんの折れ線から放物線が浮き彫りになることをみたが，この放物線は包絡線にほかならないことを確認しよう．

116 ページの第 2 段における点 A の x 座標を t とする．このとき，折れ線の式 (7.1) における x_i を t とした式が，対応する直線の式となる．

$$F(x,y,t) = y - \frac{t}{T}x + \frac{t^2}{2T} - \frac{T}{2} = 0$$

よって,

$$F_t(x,y,t) = -\frac{1}{T}x + \frac{t}{T} = 0$$

となる. ゆえに $F(X(t),Y(t),t) = F_t(X(t),Y(t),t) = 0$ より, t をパラメータとした包絡線の式

$$X(t) = t, \qquad Y(t) = \frac{1}{2T}t^2 + \frac{T}{2}$$

を得る. これは第 7.1 節で導出した放物線の式 $y = \frac{1}{2T}x^2 + \frac{T}{2}$ にほかならない.

●—円

準備 7.2　幅 R の定規. あるいは, 工作用紙, 薄いアクリル, 下敷き, プラ板などで作った高さ R の横長の長方形.

実験 7.1　図 7.12 のように紙の真ん中くらいに点 F を描く.

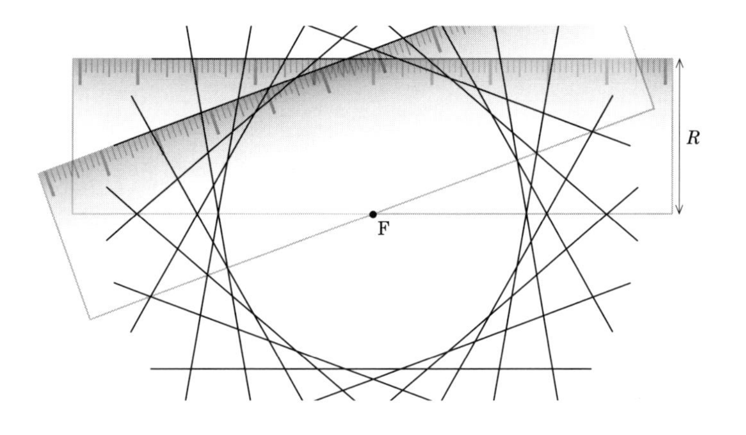

図 7.12

点 F に横長の長方形下底の中心付近を合わせて，上底に沿って線を引く．長方形を少し回転させ線を引き，また少し回転させ線を引き，… を 1 周するまで繰り返す．多くの線から半径 R の円が浮き彫りになる．

図 7.12 の直線群は，作り方から，点 $(R\cos t, R\sin t)$ を通り，法線ベクトルが $(\cos t, \sin t)$ である直線群である ($t \in [0, 2\pi)$)．すなわち，

$$F(x, y, t) = (\cos t)x + (\sin t)y - R = 0$$

が直線の式である．よって，

$$F_t(x, y, t) = -(\sin t)x + (\cos t)y = 0$$

となる．ゆえに $F(X(t), Y(t), t) = F_t(X(t), Y(t), t) = 0$ を解いて，t をパラメータとした包絡線の式

$$X(t) = R\cos t, \qquad Y(t) = R\sin t$$

を得る．これは半径 R の円 $x^2 + y^2 = R^2$ にほかならない．

●── カージオイドとネフロイド

拙著『実験数学読本 2 [67]』の第 1.3 節「「コップに水」の光の焦線」において，図 7.13 について以下のように述べた (図番号は改変)．

> 単位円上の点 $\mathrm{P}(1, 0)$ のから入射した光線が円上の点 $\mathrm{A}(\cos\theta, \sin\theta)$ で反射すると，点 $\mathrm{B}(\cos 2\theta, \sin 2\theta)$ に入射する．θ を $[0, 2\pi]$ で動かしたときの線分 AB を複数本描くと図 7.13 (a) のようになる．カージオイドがみられる．
>
> また，x 軸の正から負の方向に向かう点 $\mathrm{P}(\cos\theta, \sin\theta)$ を通る x 軸に平行な光線が，円上の点 $\mathrm{C}(-\cos\theta, \sin\theta)$ で反射すると，点 $\mathrm{D}(\cos 3\theta, -\sin 3\theta)$ に入射する．θ を $\left[-\dfrac{\pi}{2}, \dfrac{\pi}{2}\right]$ で動かしたときの線分 CD を複数本描くと図 7.13 (b) のようになる．

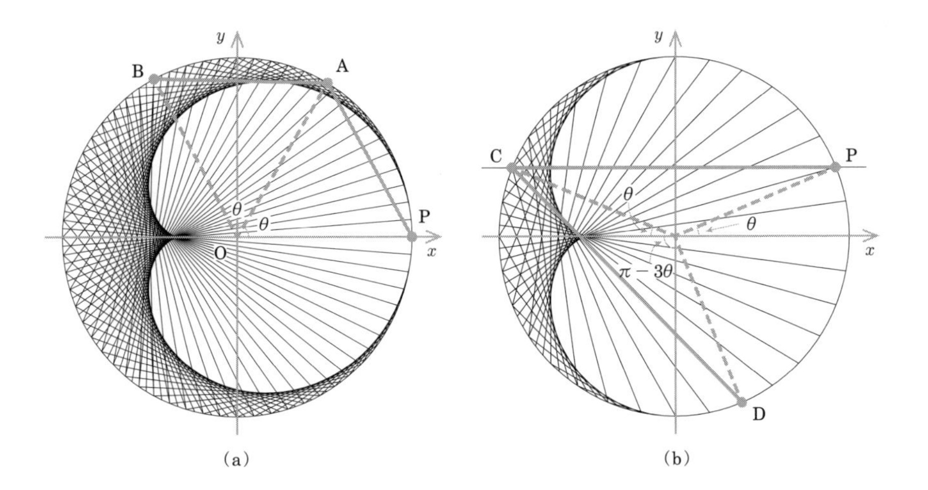

図 7.13　拙著『実験数学読本 2』の第 1.3 節，図 1.5(a)(b) に同じ．

図 7.13 (a)(b) のそれぞれ直線群から浮き彫りになった曲線を導出しよう．

図 7.13 (a) の包絡線はカージオイド！　直線 AB の式は，

$$F(x,y,\theta) = (\sin\theta - \sin 2\theta)x + (\cos 2\theta - \cos\theta)y + \sin\theta = 0$$

となるので，θ で微分して，

$$F_\theta(x,y,\theta) = (\cos\theta - 2\cos 2\theta)x + (\sin\theta - 2\sin 2\theta)y + \cos\theta = 0$$

を得る．ここで $F_\theta = \dfrac{\partial F}{\partial \theta}$ とした．これより，連立方程式 $F(X(\theta),Y(\theta),\theta) = F_\theta(X(\theta),Y(\theta),\theta) = 0$ を解いて，(若干の計算の後に)

$$\begin{pmatrix} X(\theta) \\ Y(\theta) \end{pmatrix} = \frac{2}{3}(1+\cos\theta)\begin{pmatrix} \cos\theta \\ \sin\theta \end{pmatrix} - \frac{1}{3}\begin{pmatrix} 1 \\ 0 \end{pmatrix}$$

を得る．これは，媒介変数表示された標準的なカージオイド (cardioid)

$$\begin{pmatrix} X(\theta) \\ Y(\theta) \end{pmatrix} = a(1+\cos\theta)\begin{pmatrix} \cos\theta \\ \sin\theta \end{pmatrix} \tag{7.3}$$

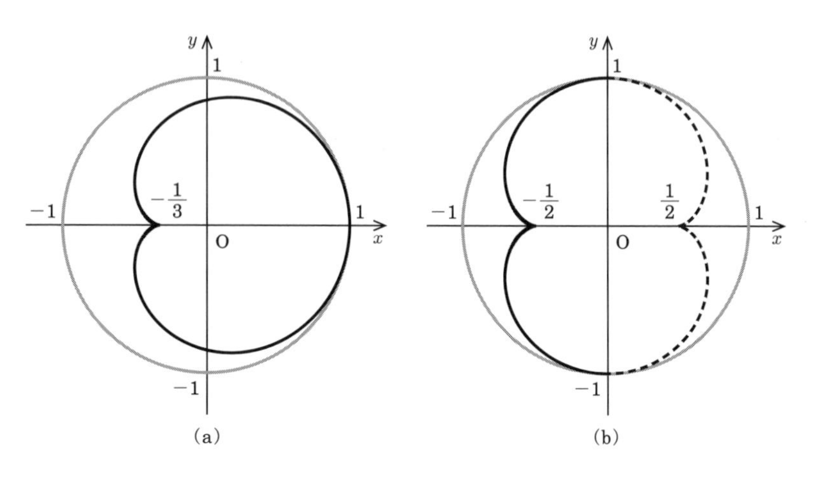

図 7.14　両図とも灰色線は単位円．図 7.13 (a)(b) でそれぞれ浮き彫りになったカージオイド ((a) の黒線) とネフロイド ((b) の黒実線と黒破線).

において，$a = \dfrac{2}{3}$ とし，中心を x 軸の負の方向に $\dfrac{1}{3}$ だけ移動したものにほかならない (図 7.14 (a)).

図 7.13 (b) の包絡線はネフロイド！　直線 AB の式は，

$$F(x,y,\theta) = (\sin\theta + \sin 3\theta)x + (\cos\theta + \cos 3\theta)y + \sin 2\theta = 0$$

となるので，θ で微分して，

$$F_\theta(x,y,\theta) = (\cos\theta + 3\cos 3\theta)x - (\sin\theta + 3\sin 3\theta)y + 2\cos 2\theta = 0$$

を得る．これより，連立方程式 $F(X(\theta),Y(\theta),\theta) = F_\theta(X(\theta),Y(\theta),\theta) = 0$ を解いて，(若干の計算の後に)

$$\begin{pmatrix} X(\theta) \\ Y(\theta) \end{pmatrix} = \begin{pmatrix} \left(\cos^2\theta - \dfrac{3}{2}\right)\cos\theta \\ \sin^3\theta \end{pmatrix} = \frac{1}{4}\begin{pmatrix} -(3\cos\theta - \cos 3\theta) \\ 3\sin\theta - \sin 3\theta \end{pmatrix}$$

を得る．これは，媒介変数表示された標準的なネフロイド (nephroid)

$$\begin{pmatrix} X(\theta) \\ Y(\theta) \end{pmatrix} = a \begin{pmatrix} 3\cos\theta - \cos 3\theta \\ 3\sin\theta - \sin 3\theta \end{pmatrix} \tag{7.4}$$

において，$a = \dfrac{1}{4}$ とし，y 軸について反転させたものにほかならない (y 軸対称だから反転前と同じ)．図 7.14 (b) の黒実線は，図 7.13 (b) における θ の範囲 $\left[-\dfrac{\pi}{2}, \dfrac{\pi}{2}\right]$ における包絡線 (ネフロイドの一部) を描画したもので，黒破線は大きさ 2π の区間の残りの範囲 $\left[\dfrac{\pi}{2}, \dfrac{3\pi}{2}\right]$ におけるネフロイドである．

●――線分や楕円の曲線族

図 7.15 (a) は，長さ 1 の線分を y 軸に立てかけたときの傾きを $t \in \left[0, \dfrac{\pi}{2}\right]$ とし，いくつかの t について線分を描いたものである．線分を延長した直線の方程式は，

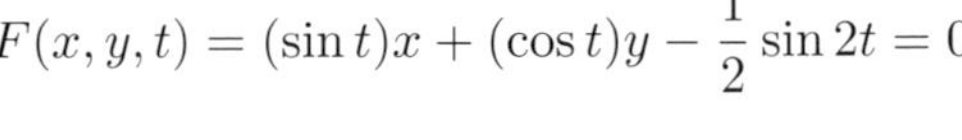

$$F(x, y, t) = (\sin t)x + (\cos t)y - \frac{1}{2}\sin 2t = 0$$

だから，

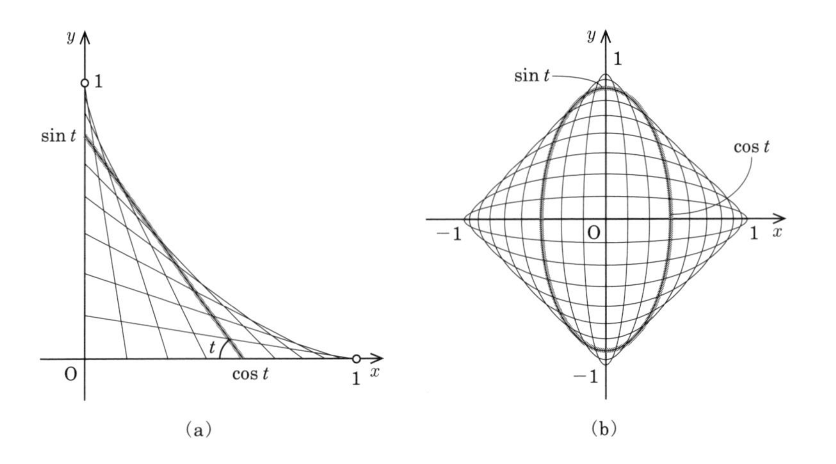

図 7.15　包絡線：アステロイドと正方形．

$$F_t(x,y,t) = (\cos t)x - (\sin t)y - \cos 2t = 0$$

より，連立方程式 $F(X(t),Y(t),t) = F_t(X(t),Y(t),t) = 0$ を解いて，

$$\begin{pmatrix} X(t) \\ Y(t) \end{pmatrix} = \begin{pmatrix} \cos^3 t \\ \sin^3 t \end{pmatrix}$$

を得る．よって，包絡線としてアステロイド (astroid) の一部を得る．

次に，図 7.15 (b) のような，径が $\cos t$ と $\sin t$ である楕円を考えてみる．この楕円の式は，

$$F(x,y,t) = (\sin^2 t)x^2 + (\cos^2 t)y^2 - \frac{1}{4}\sin^2 2t = 0$$

である．よって，

$$F_t(x,y,t) = (\sin 2t)x^2 - (\sin 2t)y^2 - \sin 2t \cos 2t = 0$$

より，連立方程式 $F(X(t),Y(t),t) = F_t(X(t),Y(t),t) = 0$ を解いて，

$$\begin{pmatrix} X(t)^2 \\ Y(t)^2 \end{pmatrix} = \begin{pmatrix} \cos^4 t \\ \sin^4 t \end{pmatrix}$$

を得る．よって，$|X(t)| = \cos^2 t$, $|Y(t)| = \sin^2 t$ より，パラメータ t を消すことができて，包絡線として対角線が各軸の上にある中心が原点のダイヤモンド正方形

$$|x| + |y| = 1 \tag{7.5}$$

を得る．(ダイヤモンド正方形は造語です．)

図 7.16 (a) (次ページ) は，y 軸に立てかけた線分の x 切片と y 切片の和がつねに 1 であるような線分群である．$t \in [0,1]$ で，いくつかの t について線分を描いたものである．線分を延長した直線の方程式は，

$$F(x,y,t) = (1-t)x + ty - (1-t)t = 0$$

だから，

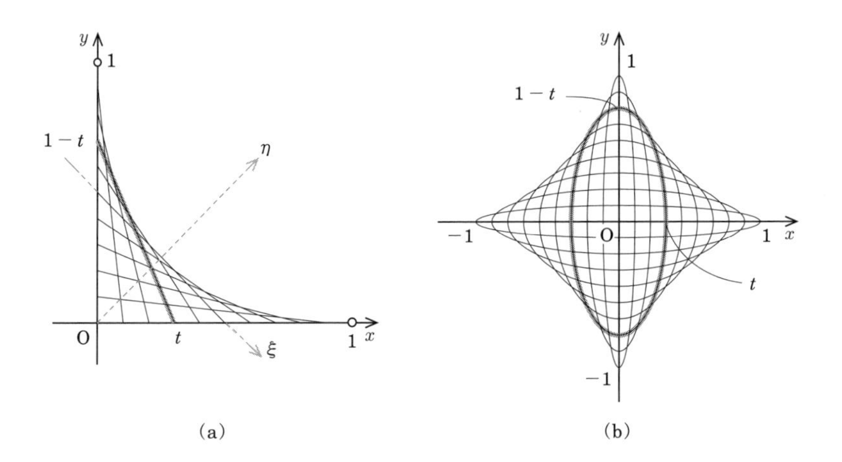

図 **7.16**　包絡線：放物線とアステロイド.

$$F_t(x, y, t) = -x + y - 1 + 2t = 0$$

より，連立方程式 $F(X(t), Y(t), t) = F_t(X(t), Y(t), t) = 0$ を解いて，

$$\begin{pmatrix} X(t) \\ Y(t) \end{pmatrix} = \begin{pmatrix} t^2 \\ (t-1)^2 \end{pmatrix}$$

を得る．ここから t を消すと，ある曲線の式

$$\sqrt{x} + \sqrt{y} = 1 \tag{7.6}$$

を得る．この式の意味するところは俄にはわからないが，x と y について対称であるので，図 7.16 (a) の灰色破線のように，$(1, 1)$ 方向に η 軸を，$(1, -1)$ 方向に ξ 軸をとって，η と ξ の関係を調べることにする．

$$\begin{pmatrix} t^2 \\ (t-1)^2 \end{pmatrix} = \frac{\xi}{\sqrt{2}} \begin{pmatrix} 1 \\ -1 \end{pmatrix} + \frac{\eta}{\sqrt{2}} \begin{pmatrix} 1 \\ 1 \end{pmatrix}$$

を解くと，

$$
\begin{cases}
2t^2 - 2t + 1 = \sqrt{2}\eta \\
2t - 1 = \sqrt{2}\xi
\end{cases}
$$

より，放物線の式

$$
\eta = \frac{1}{\sqrt{2}}\xi^2 + \frac{1}{2\sqrt{2}}
$$

を得る．この放物線は図 7.17 の破線である．また，曲線の式 (7.6) はその一部で図 7.17 の太実線である．以上より，$\xi\eta$ 座標平面上で包絡線は放物線の一部であることがわかった．

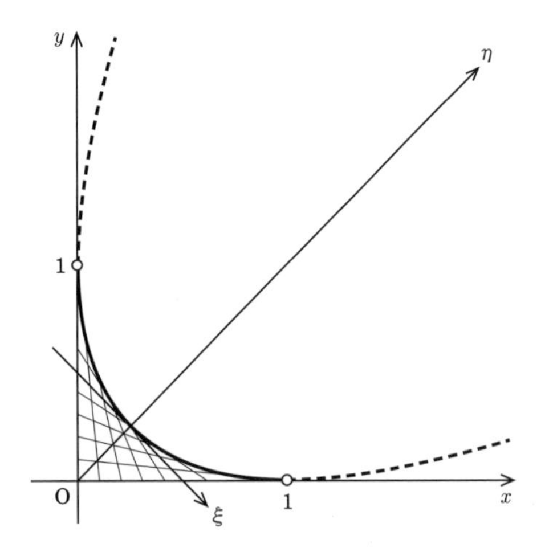

図 **7.17**　斜め向きの放物線．

次に，図 7.16 (b) のような，径が t と $1-t$ である楕円を考えてみる．この楕円の式は，

$$
F(x,y,t) = (1-t)^2x^2 + t^2y^2 - t^2(1-t)^2 = 0
$$

である．よって，

$$
F_t(x,y,t) = 2(t-1)x^2 + 2ty^2 - 2t(t-1)(2t-1) = 0
$$

より，連立方程式 $F(X(t),Y(t),t) = F_t(X(t),Y(t),t) = 0$ を解いて，

$$\begin{pmatrix} X(t)^2 \\ Y(t)^2 \end{pmatrix} = \begin{pmatrix} t^3 \\ (1-t)^3 \end{pmatrix}$$

を得る．よって，包絡線としてアステロイド

$$x^{2/3} + y^{2/3} = 1 \tag{7.7}$$

を得る．

●── 寄り道：ラメ曲線

ダイヤモンド正方形 (7.5)，放物線 (7.6)，そしてアステロイド (7.7) を統一的にみてみよう．

$$\begin{aligned} |x| + |y| = 1 \quad &\longrightarrow \quad |x|^1 + |y|^1 = 1 \\ \sqrt{x} + \sqrt{y} = 1 \quad &\longrightarrow \quad |x|^{1/2} + |y|^{1/2} = 1 \\ x^{2/3} + y^{2/3} = 1 \quad &\longrightarrow \quad |x|^{2/3} + |y|^{2/3} = 1 \end{aligned}$$

ここで，放物線 (7.6) は軸対称になるように第 1 象限以外にも拡張した．

$ab \neq 0$, $n > 0$ とすると，これらの式はいずれも，

$$\left|\frac{x}{a}\right|^n + \left|\frac{y}{b}\right|^n = 1 \tag{7.8}$$

という形の式に包摂される．$n = 2$ のとき (7.8) は楕円にほかならないから，(7.8) は楕円の一般化になっていて，超楕円，あるいは 1818 年に最初に研究したラメ [1] の名前をとってラメ曲線と呼ばれる．$b = a = z > 0$ として，x, y を正数とすると，(7.8) は

$$x^n + y^n = z^n$$

となって，フェルマーの最終定理にかかわる式が登場する．実際，ラメは $n = 7$ のときの証明に多大な貢献をした．(St. Andrews 大学の数学史のウェブサイト [50] の Famous Curves Index の「Lamé curves」や Biographies Index の「Lamé, Gabriel」の項参照．)

---

[1] フランスの数理科学者 (Gabriel Lamé, 1795–1870).

(7.8) は，x 方向と y 方向の縮尺を適当に変えて，$\dfrac{x}{|a|}$ と $\dfrac{y}{|b|}$ をそれぞれ改めて x と y に置き換えれば

$$|x|^n + |y|^n = 1 \tag{7.9}$$

となる．図 7.18 にいくつかの n についてラメ曲線 (7.9) を描いた．内側から，$n = 0.15, 0.3, \dfrac{1}{2}, \dfrac{2}{3}, 1, 1.5, 2, 4, 8, 1000$ である．$n = \dfrac{1}{2}$ が放物線 (7.6)，$n = \dfrac{2}{3}$ がアステロイド (7.7)，$n = 1$ がダイヤモンド正方形 (7.5) にそれぞれ対応していて，太線で描いた．$n = 2$ は単位円に対応し，$n = 0.15$ のときはほとんど十字，$n = 1000$ のときはほとんど正方形に見える．(直観通りに $n \to \infty$ のときの極限図形は正方形になる．また $n \to +0$ のときの極限図形は十字形になる．証明は容易．)

図 7.18　式 (7.9) のラメ曲線．

$n = 4$ のときの曲線はしばしば squircle と呼ばれる．正方形 (square) と円 (circle) を合体させた造語である．日本語がないようなので仮に「四角い円」と呼ぶことにしよう．図 7.19 (a) (次ページ) に改めて抜き出して描いた．図 7.19 (a) の s の値は，$y = x$ と $x^4 + y^4 = 1$ の交点の正の x 座標だから，

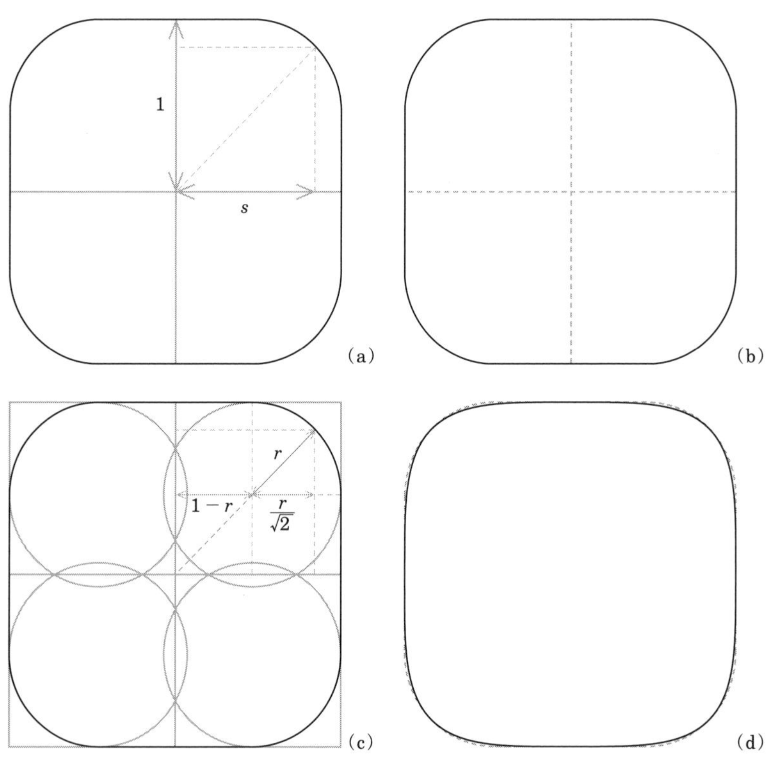

図 7.19 四角い円と丸い正方形.

$$s = \frac{1}{\sqrt[4]{2}}$$

である.

一方, 図 7.19 (b) も四角い円とほとんど同じ曲線に見えるが, こちらは, 四分円と正方形を組み合わせた曲線である. 座標 (s, s) を通って一辺の長さ 2 の正方形に接するように四分円の半径 r を定めると, 似たような曲線「丸い正方形 (角が取れて丸くなった正方形)」が得られる. 図 7.19 (c) にその作り方の様子を描いた.

$$1 - r + \frac{r}{\sqrt{2}} = s$$

を解いて，四分円の半径は

$$r = \frac{1 - s}{1 - \frac{1}{\sqrt{2}}}$$

であることがわかる．こうして四角い円と丸い正方形を重ねて描いた図が図 7.19 (d) である．黒実線と灰色破線のどちらがどちらの曲線かわかりますか？

注意 7.1　図 7.19 (d) (前ページ) のように，四角い円と丸い正方形はほとんど同じ曲線にみえる．しかし，曲線の性質としてはかなり異なる．四角い円は 2 階連続微分可能な曲線であるが，丸い正方形は 1 階連続微分可能な曲線である．実際，丸い正方形の正方形の上底と四分円の接続点 $(1 - r, 1)$ において，2 階微分の値は正方形の上底は 0，四分円は $-\frac{1}{r}$ となり不連続である．

第III部

紙と多面体の数理3章

第8章 フジモトキューブともの入れ

第 0.2 節で簡単に紹介した「フジモトキューブ」と「もの入れ」を実際に作ってみよう.

1. 正方形の紙から「フジモトキューブ」をつくろう

紙 1 枚を使って立方体を作る方法はいろいろと知られているが, 正方形の紙から作り出される魅力的な方法を紹介する. かなり驚嘆する. この方法は, 藤本修三 [10] によって考案されたもので, 作り出される立方体はフジモトキューブ (Fujimoto cube) として知られている. (折り図は, 図 8.1 (a) (次ページ).)

準備 8.1 ⓪ 折り紙 (正方形の紙) を 1 枚用意する.

① 正方形の紙を図 8.1 (a) のように縦横それぞれ四等分し, 実線は山折り, 破線は谷折りする. カラー写真 16 (2) (xv ページ) の操作で自然と立体が出来上がるようにするために, 折り目を**はっきり**と付ける (カラー写真 16 (1)).

② 図 8.1 (b) のように, 灰色と黒色の三角形, 番号 (向きに注意), ○, ●, ☆を書くと, 出来上がった立方体に書かれた番号はサイコロの目の付け方になる. 最終的に, 灰色の面は 1 の面に, 黒色の面は 6 の面になる.

実験 8.1 以下の 1～4 の手順を踏む.

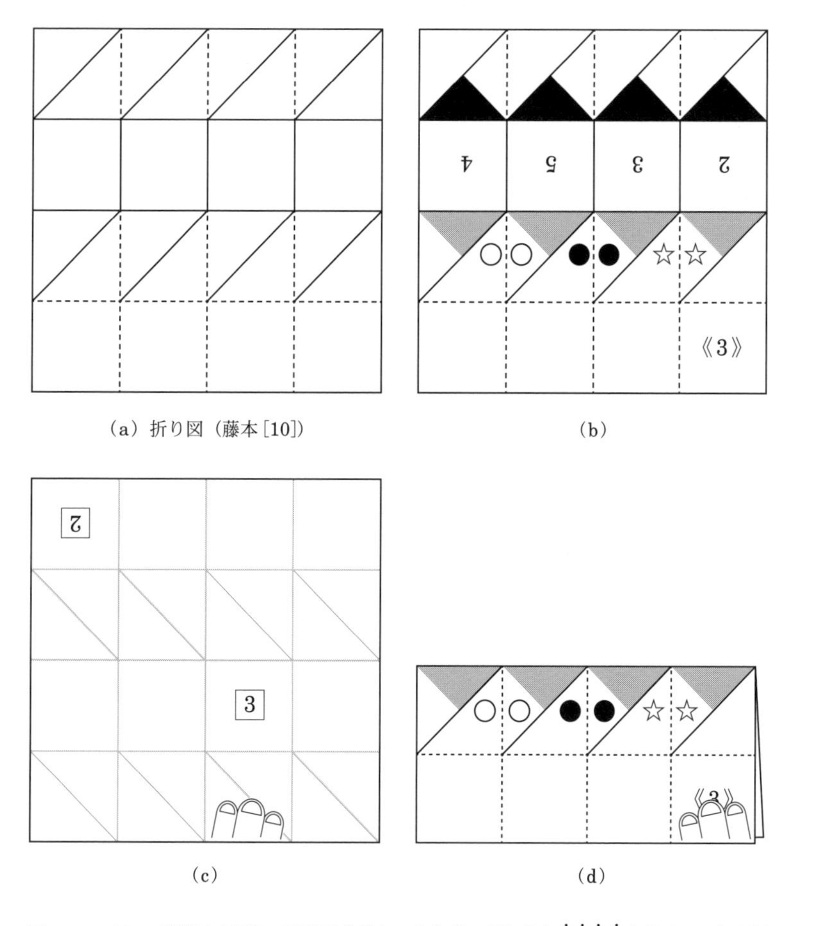

(a) 折り図（藤本[10]）　(b)

(c)　(d)

図 8.1　(a) の実線は山折り，破線は谷折り．山と谷の折り目をはっきりと付けることが肝心．(c) は (a) の裏面．

手順 1　図 8.1 (b) の「上下を」入れ替えて裏返し，裏面に図 8.1 (c) のように[3]と[2]を書く ([3]は表面 3 の裏).

手順 2　図 8.1 (c) の指の位置に左手指三本を置いて紙を押さえ，灰色の面が表にくるように真ん中で上半分を手前に折る (図 8.1 (d)).

注：はっきりとした折り目ならばカラー写真 16 (1) のようになる.

手順 3　左手指三本で紙を押さえながら,《3》に右手指三本を置き,《3》が図 8.1 (c) の $\boxed{3}$ の上に重なるようにスライドさせる.

注：折り目がはっきりしていれば,《3》が $\boxed{3}$ の上に来たときに, ○, ●, ☆同士がそれぞれくっつくように山折りされ, 同時に $\boxed{2}$ と 4 が左から覆い被さってきて, 立方体の倍の高さの (ふたの閉じていない) 直方体ができる (カラー写真 16 (2)).

手順 4　後はサイコロの目の付け方になる番号が表にでるように, 折り目に逆らわずに折り進める (カラー写真 16 (3)〜(6)).

第 0.2 節で数学的な立方体の操作的定義に触れた. この操作を続けよう. 立方体を (4 次元空間内で) それに直交する方向に 1 だけ動かしたときに立方体の掃く図形が 4 次元立方体で, 4 次元立方体を (5 次元空間内で) それに直交する方向に 1 だけ動かしたときに 4 次元立方体の掃く図形が 5 次元立方体である. こうして順次 n 次元立方体を構成できる.

空想の世界に飛び込んだように思えるが, 長さなどは通常と同じ考えで求めることができる. 例えば, n 次元立方体の対角線の長さは $\sqrt{n}$ である. 実際, 線分 (1 次元立方体), 正方形 (2 次元立方体), 立方体 (3 次元立方体) の対角線の長さはそれぞれ $1, \sqrt{2}, \sqrt{3}$ であるから, $n = 1, 2, 3$ に対しては正しいことが納得できる.

上の段落の話を少し数学的に深めて寄り道をしよう. 立方体を正方形六枚で囲まれた立体と特徴付けると, このような飛躍はできない. 同じ対象でもうまい特徴付けを見つけてそれを一般化する. 物事をいろんな角度から見ると面白いことが見つけられる. スウガクすると「ものは言いよう」が「ものは好(い)いよう」になる, かな.

◉—— 寄り道：n 次元立方体

いわゆる立方体を「3 次元立方体」と呼び，辺 (線分) を「1 次元立方体」，面 (正方形) を「2 次元立方体」と呼ぶことにする．ただし，いずれも 1 辺の長さは 1 とする．

ベクトル $\boldsymbol{e}_1 = (\mathbf{1}, 0)$ で張られる 2 次元平面 $\mathbb{R}^2$ 内の 1 次元立方体 (線分) を，それに直交する向き $\boldsymbol{e}_2 = (0, \mathbf{1})$ に動かすことにより，

$$\langle \boldsymbol{e}_1,\ \boldsymbol{e}_2 \rangle$$

で張られる 2 次元平面内の 2 次元立方体 (面) が生成される (図 8.2).

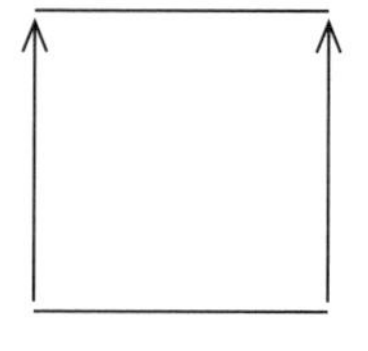

図 8.2

ベクトル $\boldsymbol{e}_1 = (\mathbf{1}, \mathbf{0}, 0)$, $\boldsymbol{e}_2 = (\mathbf{0}, \mathbf{1}, 0)$ で張られる 3 次元空間 $\mathbb{R}^3$ 内の 2 次元立方体を，それに直交する向き $\boldsymbol{e}_3 = (0, 0, \mathbf{1})$ に動かすことにより，

$$\langle \boldsymbol{e}_1,\ \boldsymbol{e}_2,\ \boldsymbol{e}_3 \rangle$$

で張られる 3 次元空間内の 3 次元立方体が生成される (図 8.3).

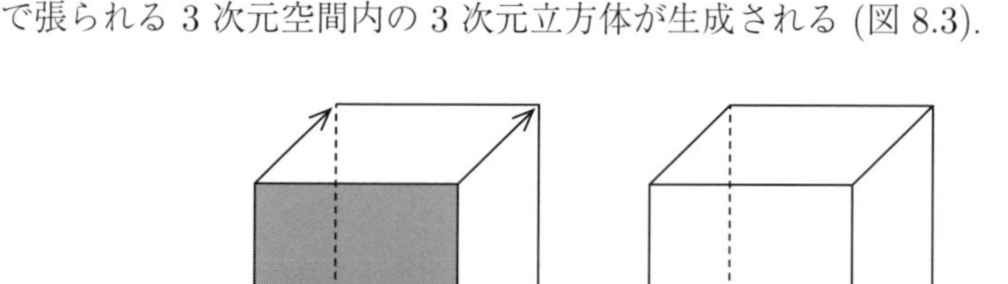
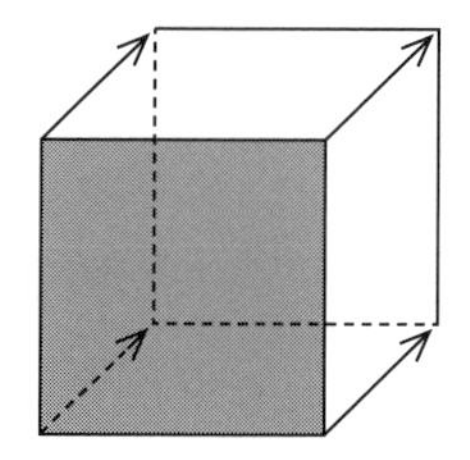

図 8.3

同様に，ベクトル $\boldsymbol{e}_1 = (\mathbf{1}, \mathbf{0}, \mathbf{0}, 0)$, $\boldsymbol{e}_2 = (\mathbf{0}, \mathbf{1}, \mathbf{0}, 0)$, $\boldsymbol{e}_3 = (\mathbf{0}, \mathbf{0}, \mathbf{1}, 0)$ で

張られる 4 次元空間 $\mathbb{R}^4$ 内の 3 次元立方体を，それに直交する向き $\boldsymbol{e}_4 = (0,0,0,\mathbf{1})$ に動かすことにより，

$$\langle \boldsymbol{e}_1,\ \boldsymbol{e}_2,\ \boldsymbol{e}_3,\ \boldsymbol{e}_4 \rangle$$

で張られる 4 次元空間内の 4 次元立方体が生成される．もはや図に描けない！(そもそも 3 次元立方体を平面に描くことも無理があった．)

このようにして，理論的に，ベクトル

$$\boldsymbol{e}_1 = (\mathbf{1},\mathbf{0},\cdots,\mathbf{0},0), \qquad \boldsymbol{e}_2 = (\mathbf{0},\mathbf{1},\cdots,\mathbf{0},0),$$
$$\cdots, \qquad \boldsymbol{e}_{n-1} = (\mathbf{0},\mathbf{0},\cdots,\mathbf{1},0)$$

で張られる n 次元空間 $\mathbb{R}^n$ 内の $n-1$ 次元立方体を，それに直交する向き $\boldsymbol{e}_n = (0,\cdots,0,\mathbf{1})$ に動かすことにより，

$$\langle \boldsymbol{e}_1,\ \boldsymbol{e}_2,\ \cdots,\ \boldsymbol{e}_n \rangle$$

で張られる n 次元空間内の n 次元立方体を構成することができる．

したがって，n 次元立方体の頂点の座標はまとめて $(x_1,x_2,\cdots,x_n)$ と表される．ここで，各 $i=1,2,\cdots,n$ に対して $x_i \in \{0,1\}$ である．例えば，$n=1,2,3$ に対しては次のようになる．

- 1 次元立方体 (辺) の頂点は $V_1 = 2$ 個.
  頂点の座標は (0), (1).
- 2 次元立方体 (面) の頂点は $V_2 = 4$ 個.
  頂点の座標は (0,0), (1,0), (0,1), (1,1).
- 3 次元立方体の頂点は $V_3 = 8$ 個.
  頂点の座標は (0,0,0), (1,0,0), (0,1,0), (1,1,0), $\cdots$, (1,1,1).

問 8.1　n 次元立方体の以下の値をそれぞれ求めよ．(n 次元立方体数は $C_n^{(n)} = 1$ である．)

(1) 頂点 (0 次元立方体) 数 V_n　　(2) 辺 (1 次元立方体) 数 E_n
(3) 面 (2 次元立方体) 数 F_n　　(4) 3 次元立方体数 C_n
(5) m 次元立方体数 $C_n^{(m)}$　　(6) $n-1$ 次元立方体数 $C_n^{(n-1)}$

答 8.1　答えのみ記す. ${}_n\mathrm{C}_r = \dfrac{n!}{(n-r)!\,r!}$ は n 個のものから r 個を選ぶときの選び方の総数 (組合せ) である.

(1) $V_n = 2^n$　　(2) $E_n = \dfrac{nV_n}{V_1} = 2^{n-1}n$

(3) $F_n = \dfrac{{}_n\mathrm{C}_2 V_n}{V_2} = 2^{n-2}{}_n\mathrm{C}_2$　　(4) $C_n = \dfrac{{}_n\mathrm{C}_3 V_n}{V_3} = 2^{n-3}{}_n\mathrm{C}_3$

(5) $C_n^{(m)} = \dfrac{{}_n\mathrm{C}_m V_n}{V_m} = 2^{n-m}{}_n\mathrm{C}_m$　　(6) $C_n^{(n-1)} = 2n$

注意 8.1　n 次元立方体の表面積は $n-1$ 次元立方体数 $C_n^{(n-1)}$ にほかならない.

問 8.2　n 次元立方体の対角線の長さを求めよ.

答 8.2　$|(1,\cdots,1)-(0,\cdots,0)| = \sqrt{n}$ である.

2.　長方形の紙から「もの入れ」をつくろう

実験では細かいものや転がるものも多く使う. それらがなくならないように, 使うものを入れておく図 8.4 (次ページ) や写真 0.4 (b) (5 ページ) のようなくず入れ, あるいはもの入れの箱をつくっておこう. そうすれば写真 8.5 (次ページ) のようにまとめておける.

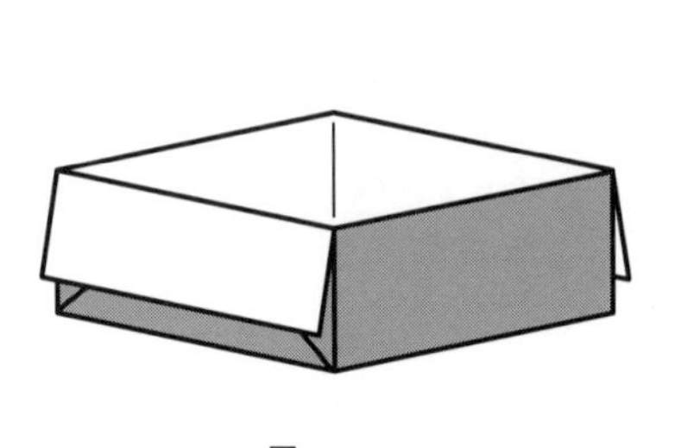

図 8.4

写真 8.5　カラー版は口絵 xvi ページ.

いらない広告用紙で作った (作らされた？) ことがある人もいるでしょう. 枝豆のさや, みかんの皮, 落花生のから, あさりの貝殻, 糸くずなどをいれておくために.

準備 8.2　長方形の紙

実験 8.2　以下の (1) から (10) の要領で図 8.4 のもの入れを作る. (番号は図 8.6 (次ページ) の番号に対応している.)

(1) 長方形の紙の長辺と短辺をそれぞれ二等分する. ただし, (長辺を二等分した) 縦二等分線は山折り, (短辺を二等分した) 横二等分線は谷折りする.

(2) 縦二等分線の上半分を横二等分線の右半分に合わせるように折る. (横二等分線の左半分は縦二等分線の下半分に合わせるように折られる.)

(3) もとに戻す. 実線は山折り, 破線は谷折り.

(4) 縦二等分線の下半分を横二等分線の右半分に合わせるように折る. (横二等分線の左半分は縦二等分線の上半分に合わせるように折られる.)

(5) もとに戻す. 実線は山折り, 破線は谷折り. (ここで折り目が効いてくる.)

(6) 縦二等分線の上半分と下半分を同時に横二等分線の右半分に合わせるように折る.

(7) 上下の短い辺を横二等分線に合わせるように折る. 裏面も同様.

(8) (7) のように右の白い長方形部分を左に折り返す. 裏面も同様.

(9) 濃い灰色の部分が底面になるように矢印の隙間を開く.

(10) くず入れとしては不要だが, 底面 (濃い灰色) と側面 (灰色) の境界線に折り目をつければ, よりはっきりした正四角柱 (図 8.4) が出来上がる.

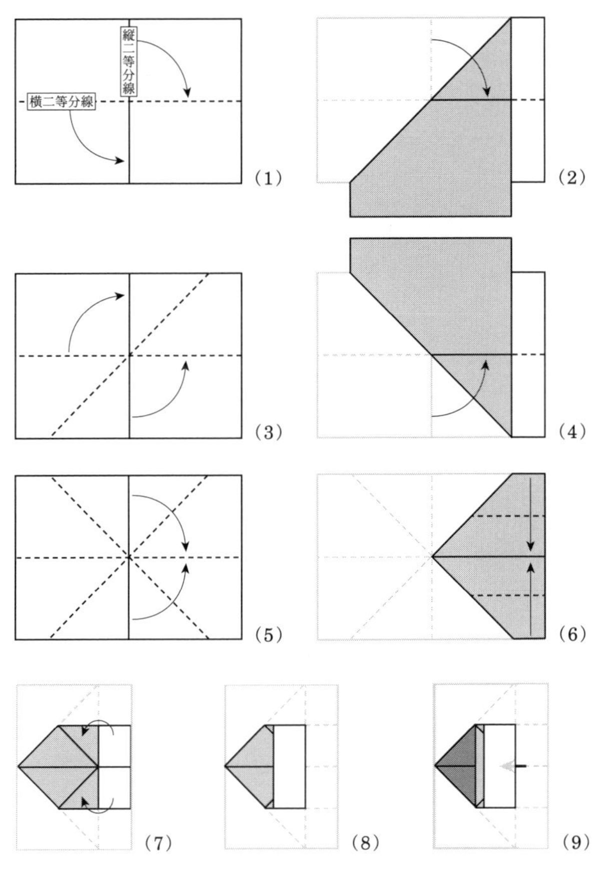

図 8.6

問 8.3 長方形の縦横の辺の長さをそれぞれ b と a とする ($b < a$). このとき, 得られるもの入れの底面 (正方形) の一辺の長さ x と高さ y をそれぞれ求めよ (図 8.7, 次ページ). また, 正方形の紙に対して, 同じ作り方を適用した

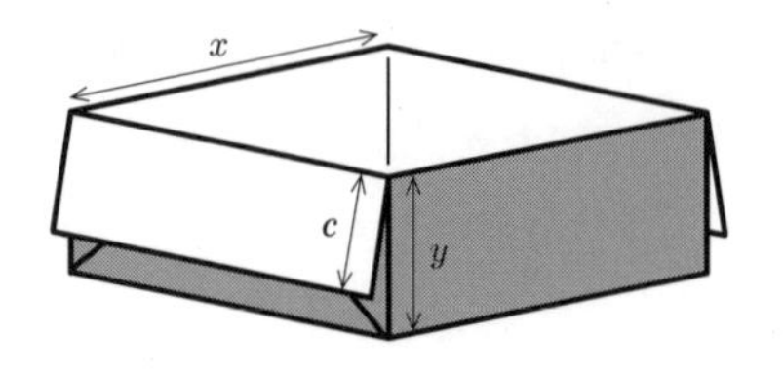

図 8.7　もの入れの大きさ (c は余剰の紙の部分の長さ).

とき，所望のもの入れを作ることはできるか.

答 8.3　折り目のついた展開図から，$x=2y$, $b=4y$, $a=b+2c$ がわかるので，$x=\frac{b}{2}$, $y=\frac{b}{4}$ を得る．ここで，c は図 8.7 における余剰の紙の部分の長さで，これがないと箱がばらける．すなわち，正方形の紙 ($a=b$) では，このもの入れは作れない．(だから準備 8.2 で長方形の紙と書いた．)

第9章

紙で作る正四面体と正八面体

フジモトキューブのように，紙があればさまざまな立体を作ることができる．以下，A4 用紙などの長方形の紙や折り紙などの正方形の紙を使って正四面体と正八面体を作る方法を紹介する．他の多面体の作成方法は，折り紙の書籍，例えば [16, 23, 1] などを参照されたい．

1.　まず，長方形から正方形の紙を作る

正方形の紙がない場合は，次のように長方形の紙から正方形の紙を作ればよい．

準備 9.1　長方形の紙

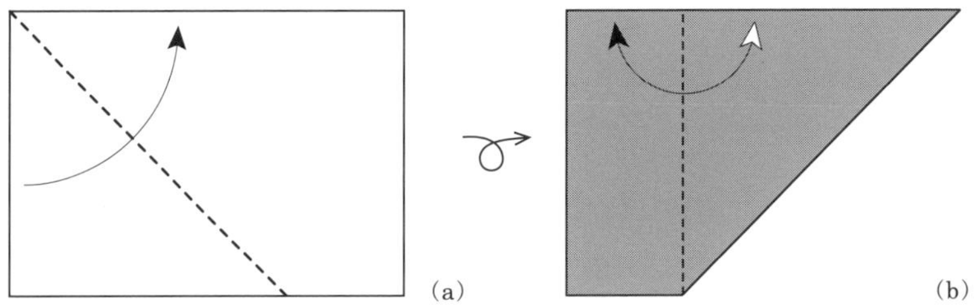

(a)　(b)

図 9.1　長方形の紙から正方形の紙を作る．

実験 9.1　図 9.1 (前ページ) の要領で，長方形の紙から正方形の紙を作る．(a) 長方形の紙の短辺を長辺に合わせて折り，直角二等辺三角形を作る．左右を入れ替えて裏返す．(b) はみ出た細長い長方形を辺に沿って折り，すべて戻す．得られた折れ線を切って正方形の用紙を得る．

長方形が A4 用紙のとき，図 9.1 (a) で得られた直角二等辺三角形の斜辺の長さは，A4 用紙の長辺の長さに等しい．A4 用紙は縦横の辺の比が白銀比 ($1:\sqrt{2}$) に作られているからである．(長方形を半分に折って二つの等しい長方形に分けたとき，もとの長方形と半分の大きさの長方形のそれぞれの辺の縦横比が等しくなるには白銀比しかない．実際，長方形の縦横比を $1:c$ ($c>1$) としたとき，半分の大きさの長方形の縦横比も $\frac{c}{2}:1=1:c$ となるためには $c=\sqrt{2}$ でなければならない．)

◉── 寄り道：正方形の紙から白銀比長方形の紙を作る

実験 9.1 で長方形の紙から正方形の紙を作ったが，逆の操作，すなわち正方形の紙を折るだけで，縦横の辺の比が白銀比となる長方形の紙を作ることができるだろうか．

準備 9.2　正方形の紙

実験 9.2　図 9.2 (次ページ) の要領で，正方形の紙を折り込む．

(a)⇒(b) 左と下の辺をそれぞれ上と右の辺に合わせるように対角線 (破線) を折る．

(b)⇒(c) 上の辺を対角線に合わせるように左上の頂点を端点にして ((b) の灰色破線を) 折る．(c) に現れるすべての三角形の角度が求まるので，(c) の灰色の三角形が直角二等辺三角形であることがわかる．

(c)⇒(d) 直角の頂点に印 (●) をつけて (紙の裏面に印がつく)，もとに戻す．(d) の灰色実線は山折り，灰色破線は谷折り．

(d)⇒(e) (c) の灰色の三角形の直角の頂点 (紙の裏面の●)，すなわち (d) の

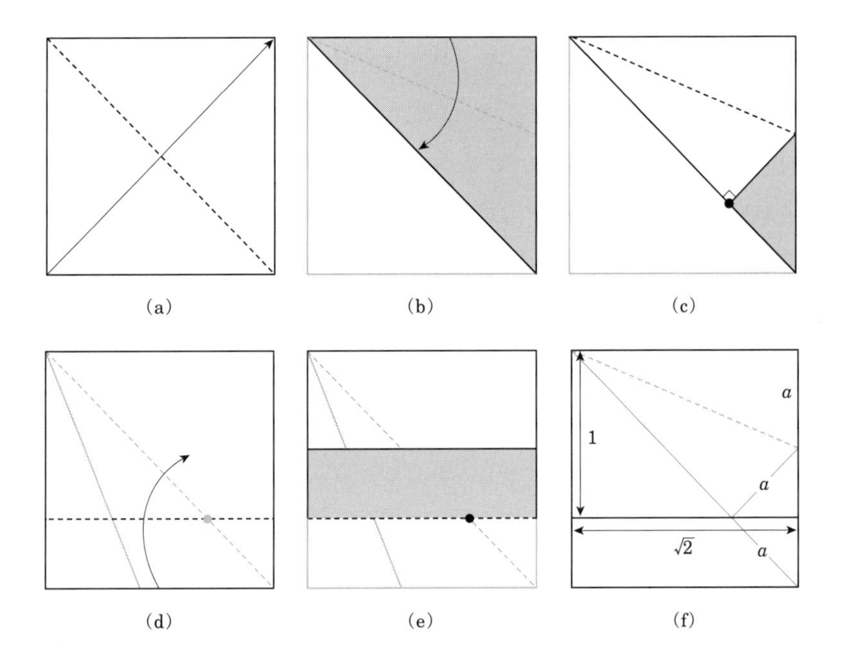

図 **9.2**　正方形の紙を折り込む．

灰色印 (●) を通り，正方形の底辺に平行な線 (黒破線) で折る．

(e)⇒(f) もとに戻すと，(f) の太実線のように，縦横が白銀比の長方形を得る．実際，(f) のような長さの比の関係がある (灰色線は (c) の線)．ここで，

$$a = \frac{\sqrt{2}}{1+\sqrt{2}} = 2 - \sqrt{2}$$

であることは，(c) の灰色の三角形が直角二等辺三角形であることからわかる．

こうして，正方形の紙を折るだけで，縦横の辺の比が白銀比となる長方形の紙を作ることができた．一段落つくと，例えば次のような疑問がわくかもしれない．これは自然なことである．

探究 9.1　与えられた $c > 1$ に対して，正方形の紙を折るだけで，縦横の

辺の比が $1 : c$ となる長方形の紙を作ることができるか.

2.　A4 用紙から正四面体を作る

A4 用紙を以下の実験のように順次折り曲げ，半分に切った A5 用紙 2 枚のそれぞれから対称なユニットを作って，それらを組み合わせて正四面体を作る.

準備 9.3　A4 用紙

実験 9.3　以下の (1) から (6) のステップを踏む.

(1) 図 9.3 (a) のように A4 用紙を四等分する．四等分線三本のうち，実線は山折り，点線は谷折りである.

図 9.3 (b) が目指す最終的な折り目である.

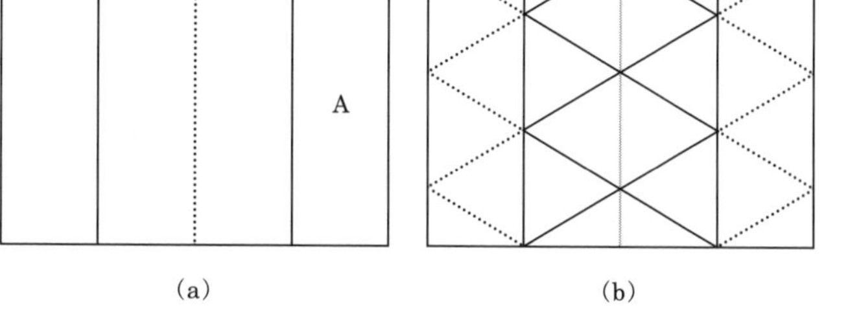

図 9.3　(a) A4 用紙を四等分する．(b) 最終的な折り目 (実線は山折り，点線は谷折り)．中央の灰色線で切断し，対称な折り目をもつ二枚の A5 用紙に分ける.

図 9.3 (a) における四等分線の折り目は，図 9.4 (a) (次ページ) のようにつける．図 9.4 (a) の文字 A は図 9.3 (a) のそれに対応している.

図 9.4 (b) のように折ると紙の厚みで四等分の精度が落ちるので，このような折り方は推奨しない．(そもそも，図 9.3 (a) の山折り，谷折りに合っていない．)

(2) 図 9.3 (a) の折り目をつけたら，図 9.5 (a) のように，文字 A が書いてある短冊 (細長長方形) のみを半分に折って，八等分線の折り目をつける．た

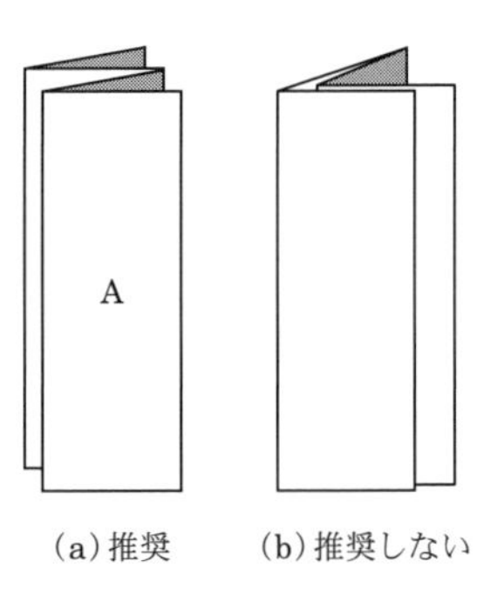

図 9.4 A4 用紙の四等分の仕方.

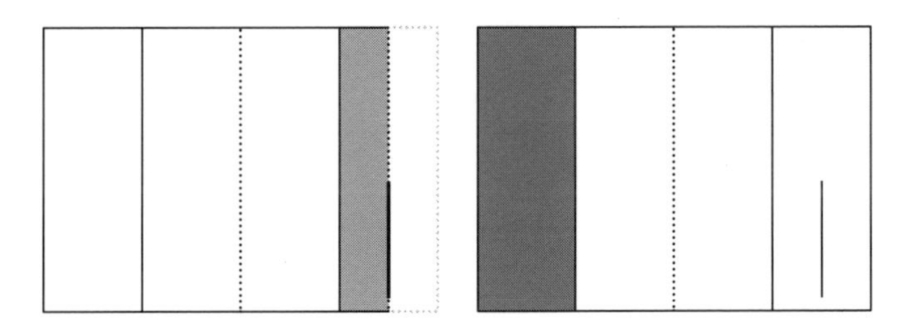

図 9.5 (a) 八等分線の折り目, (b) 一番左の短冊を色付け.

だし, 上から下まできっちり折り目をつける必要はなく, 太線部分のみでよい. 以下, 図説をわかりやすくするために, 一番左の短冊だけを色付けする (図 9.5 (b)).

(3) 図 9.6 (次ページ) の要領で, 正三角形を折り込んでいく.

(a) 四つ折りする. (b) 右下の頂点を八等分線の折り目に合わせ, 同時に, 左下の頂点が端点となるように折る. (c) 左右を入れ替えて裏返す. (d) 点線を折る. (e) 再び左右入れ替えて裏返す.

(4) 図 9.6 (続き) の要領で, 引き続き正三角形を折り込んでいく.

(a) 図 9.6 (e) の点線を折る. (b) 左右を入れ替えて裏返す. (c) 点線を折る. (d) 左右を裏返す. (e) 点線を折る. (f) 左右を裏返して確認.

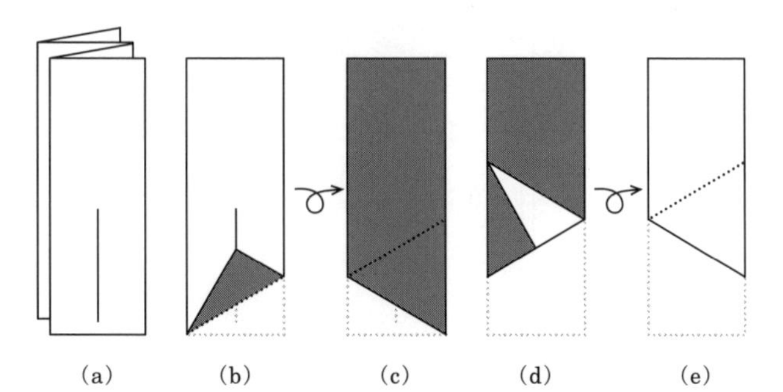

図 9.6　正三角形の折り込み.

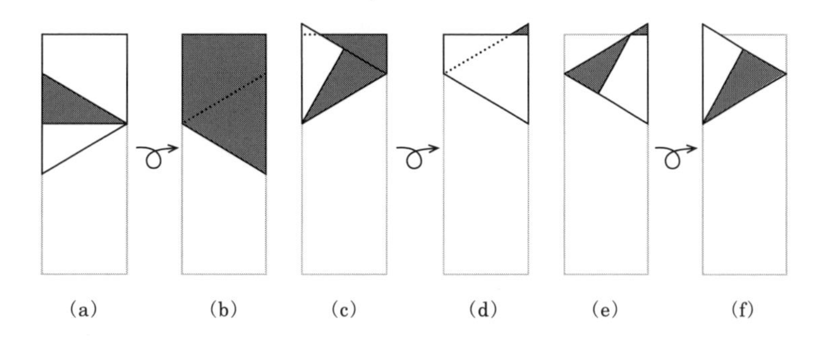

図 9.6 (続き)

(5) すべてを戻して，図 9.7 (a) (次ページ) のように，山折り (実線) と谷折り (点線) の折り目をはっきりとつける．番号もつけておくとわかりやすい．中心の二等分線で紙を切って，二つに分けて，左半分の (b) はさらにその左半分を，右半分の (c) はさらにその右半分をそれぞれ裏側に折る．

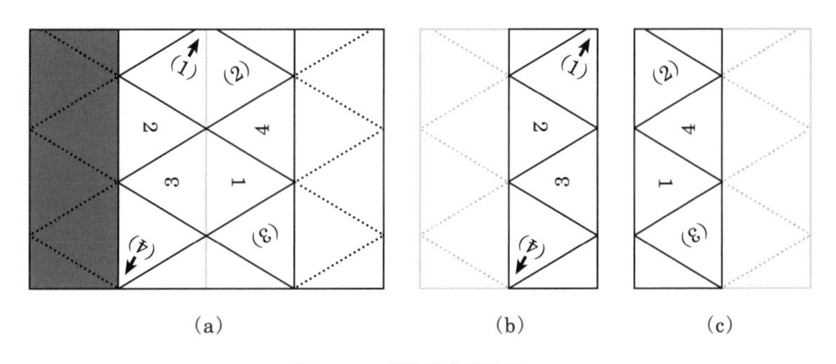

(a) (b) (c)

図 9.7　最終的な折り目.

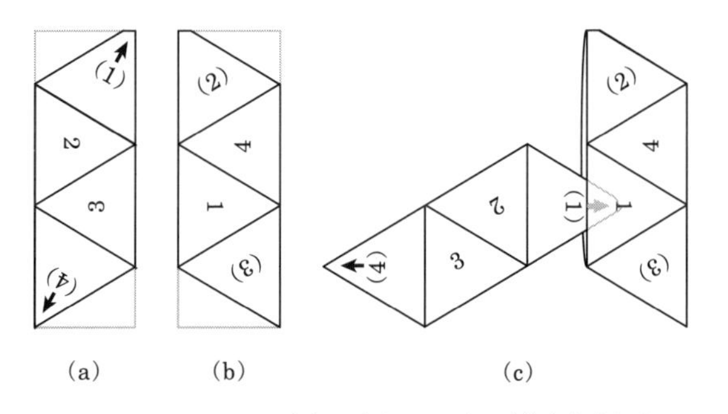

(a) (b) (c)

図 9.8　二つのユニットを組み合わせて正四面体を完成させる.

(6) 図 9.8 の要領で，正四面体を完成させる.

(a) 図 9.7 (b) で得られた短冊の上と下の端の小さな三角形部分を裏側に折る. (b) 図 9.7 (c) で得られた短冊についても同様. (c) 四角形 (1) を矢印の方向に △1 の下の隙間に挿入する. (最後の操作) 四角形 (2) を △2 の下に，△(3) を △3 の下にくるように，順次折り曲げ，最後に，△(4) を矢印の方向に △4 の下に挿入して正四面体が完成する.

3.　正方形の紙から正八面体を作る

正方形の紙からはじめて，正四面体を折ったときと同じ要領で，正三角形の折り目をたくさん作る.

準備 9.4　正方形の紙

実験 9.4　以下の (1) から (7) のステップを踏む.

(1) 実験 9.3 (148 ページ) において正四面体を作ったときと同じ要領で, 図 9.9 のように, たくさんの正三角形の折り目をつける. (a) 正方形の紙を四等分する. (b) 八等分線に右下の頂点を合わせる. (c) 上に向かって, 左右を裏返しながら, 正三角形を折り込む. (d) すべてをもとに戻す. 山折りと谷折りの折り目を改めてはっきりとつける.

(2) ①, ②を順に山折りする.

(3) [1] を合わせるように谷折りし, △1, △2, △3, △4 が正八面体の上半分の部分になるように立体的にする.

(4) [2] を合わせるように谷折りし, [3] も同様に続けて, △5 と △6 が正八面体の下半分の部分になるように立体的にする.

(5) 黒色 △(1) を矢印の方向に △1 の下に挿入.

(6) [4] から [6] を順に谷折りし, △7 と △8 が正八面体の下半分の残りの部分になるように立体的にする.

(7) 灰色 △(1) が残っているので, それを矢印の方向に △1 の下に挿入して正八面体が完成する.

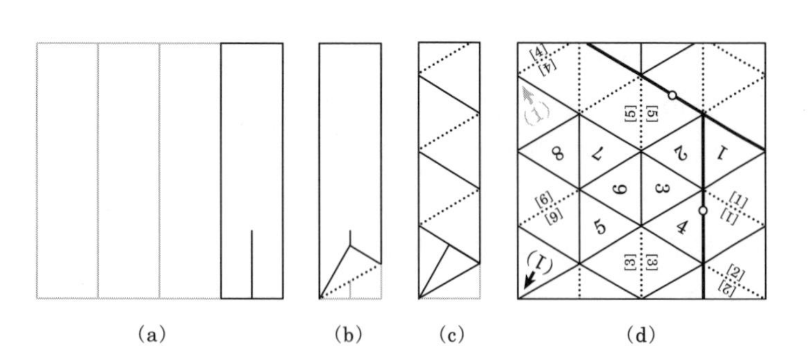

図 9.9　正八面体を折る.

◉── 一辺の長さが同じ正四面体と正八面体を作る方法

図 9.3 (b) からわかるように，正四面体を構成する正三角形の高さは A4 用紙の長い辺の長さの 4 分の 1 である．一方，図 9.9 からわかるように，正八面体を構成する正三角形の高さは正方形の一辺の長さの 4 分の 1 である．したがって，正方形用紙の一辺の長さが A4 用紙の長い辺の長さになれば，一辺の同じ正四面体と正八面体を作ることができる．

具体的には，(1) まず適当な正方形用紙から正八面体を作り，(2) 次に第 9.1 節の小節「寄り道：正方形の紙から白銀比長方形の紙を作る」(146 ページ) によって作った白銀比の長方形用紙で第 9.2 節の方法で正四面体を作れば，一辺の長さが同じ正四面体と正八面体が出来上がる．

◉── 正四面体で空間を隙間なく埋め尽くすことはできない

立方体をたくさん作ってブロックのようにくっつけていけば，明らかに空間を埋め尽くす (隙間なく充填する) ことができる．同様に，正四面体で空間を埋め尽くすことができるだろうか．一見できそうに思うが実はできない．

探究 9.2　正四面体をたくさん作ってそれを確かめてみよう．

できないことの数学的証明　角度を計算してもこの事実は確かめられる．

図 9.10 (次ページ) のような正四面体 OABC において，正三角形 OAB と正三角形 ABC のなす角を θ_4 とする．すなわち，θ_4 は辺 AB の中点を M としたときの OM と MC のなす角である．

正四面体 OABC の一辺の長さを 2 とすると，$\mathrm{OM} = \mathrm{MC} = \sqrt{3}$ である．よって，二等辺三角形 OMC において，M から OC に二等分線を下ろして

$$\sin\frac{\theta_4}{2} = \frac{1}{\sqrt{3}}$$

がわかる．これより，

$$\sin^2\theta_4 = 4\sin^2\frac{\theta_4}{2}\left(1-\sin^2\frac{\theta_4}{2}\right) = 4\frac{1}{\sqrt{3}^2}\left(1-\frac{1}{\sqrt{3}^2}\right) = \frac{8}{9}$$

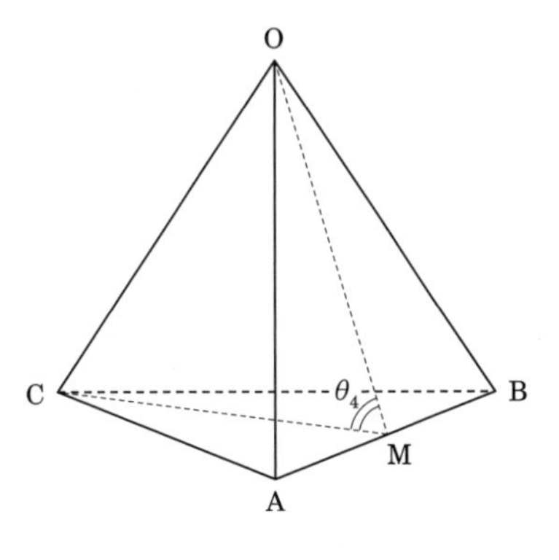

図 **9.10**　正四面体の隣り合う面の角度.

すなわち,

$$\frac{\sqrt{3}}{2} = \sin\frac{\pi}{3} < \sin\theta_4 = \frac{2\sqrt{2}}{3} < \sin\frac{\pi}{2} = 1$$

がわかる. したがって,

$$\frac{\pi}{3} < \theta_4 < \frac{\pi}{2}$$

がわかるので, $\theta_4 = \dfrac{\pi}{d}$ としたとき $2 < d < 3$ でなければならない.

もし, 正四面体で空間を埋め尽くすのであれば, θ_4 のある整数 m 倍が 2π になっている, 言い換えると $d = \dfrac{m}{2}$ が成り立つ必要があるが, $2 < \dfrac{m}{2} < 3$ から $m = 5$ が確定する. ゆえに, $\theta_4 = \dfrac{2\pi}{5}$ となる. これは度数法だと 72 度であって正五角形の外角に等しい. このことから, $\sin\theta_4$ が

$$\sin\theta_4 = \frac{\sqrt{10 + 2\sqrt{5}}}{4}$$

のように求まるがこれは $\dfrac{2\sqrt{2}}{3}$ に等しくない. (72 度は俗に言う「有名角」で, 証明はよく知られているのでここでは省く.) 以上より, 正四面体で空間を埋め尽くすことはできないことがわかった.

ここで，$\dfrac{\sqrt{10+2\sqrt{5}}}{4} > \dfrac{2\sqrt{2}}{3}$ であることは，両辺の 2 乗して差をとればすぐにわかるから，

$$\sin\frac{\pi}{3} = \frac{\sqrt{3}}{2} < \frac{2\sqrt{2}}{3} = \sin\theta_4 < \sin\frac{2\pi}{5} = \frac{\sqrt{10+2\sqrt{5}}}{4}$$

より，不等式評価

$$\frac{\pi}{3} < \theta_4 < \frac{2\pi}{5} \iff 5\theta_4 < 2\pi < 6\theta_4$$

を得る．よって，正四面体を五つ繋げても一周に足りず，六つ繋げたら一周をオーバーすることがわかる．θ_4 を度数法で表すと $70.528779\cdots$ 度である．したがって，五つ繋げても 360 度に 7.4 度ほど足りない．

◉── 正八面体で空間を隙間なく埋め尽くすことは**できない**

正八面体について正四面体と同じ考察をしてみよう．結論は，正八面体で空間を隙間なく埋め尽くすことはできない，である．

探究 9.3　正八面体をたくさん作ってそれを確かめてみよう．

できないことの数学的証明　図 9.11 (次ページ) のような正八面体 OABCDE において，正三角形 OAB と正方形 ABCD のなす角を θ_8 とする．すなわち，θ_8 は，辺 AB の中点を M とし辺 CD の中点を N としたときの OM と MN のなす角である．

正八面体 OABCDE の一辺の長さを 2 とすると，OM = ON = $\sqrt{3}$ で，MN = 2 ある．よって，二等辺三角形 OMN は図 9.10 における二等辺三角形 MCO と合同である．ゆえに，

$$\theta_8 = \frac{\pi-\theta_4}{2} \iff 2\pi = 2\theta_4 + 4\theta_8 \tag{9.1}$$

と，

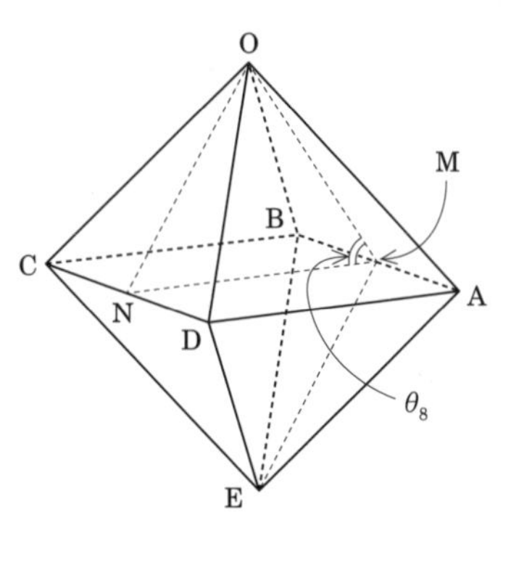

図 9.11　正八面体の隣り合う面の角度の半分.

$$\sin\frac{\pi}{4} = \frac{1}{\sqrt{2}} < \sin\theta_8 = \frac{\sqrt{2}}{\sqrt{3}} < \sin\frac{\pi}{3} = \frac{\sqrt{3}}{2} < \sin\theta_4 < \sin\frac{2\pi}{5}$$

がわかる．これより，

$$\frac{\pi}{4} < \theta_8 < \frac{\pi}{3} < \theta_4 < \frac{2\pi}{5} \iff \begin{cases} 5\theta_4 < 2\pi < 6\theta_4 \\ 6\theta_8 < 2\pi < 8\theta_8 \end{cases} \tag{9.2}$$

を得る．よって，正八面体で空間を埋め尽くすには，$2\pi = 7\theta_8$ となるしかない．このとき，(9.1) の辺々を 7 倍すると，$14\pi = 14\theta_4 + 8\pi$ となって，$\theta_4 = \frac{3}{7}\pi$ を得るが，$5\theta_4 = \frac{15}{7}\pi > 2\pi$ となって，これは (9.2) の $5\theta_4 < 2\pi$ の部分に矛盾する．ゆえに，正八面体は空間を埋め尽くすさないことがわかる．θ_8 を度数法で表すと 54.73561⋯ 度である．正八面体を 6 個繋げると 360 度に 31.6 度ほど足りず，7 個繋げると 23.1 度ほどオーバーする．

●—— 正四面体と正八面体で空間を隙間なく埋め尽くすことはできる

以上より，正四面体も正八面体もそれだけでは空間を埋め尽くすことはないことがわかった．一方，正四面体と正八面体の両方を使えば空間を埋め尽くすことはできる．実際，(9.1) より正四面体と正八面体を 2 個ずつ繋げればちょうど一周分の空間を埋め尽くすことがわかる．(θ_8 は隣り合う面のなす角の半分である．)

探究 9.4 一辺の長さが同じ正四面体と正八面体をたくさん作ってそれを確かめてみよう．

4. 残りの正多面体

前章でフジモトキューブ (正六面体) を，本章で正四面体と正八面体を紙から作った．折り方は一通りでないし，フジモトキューブの作り方も含めて動画の方が理解しやすい場合もあるので，インターネットで検索するとよい．多くの説明動画がみつかる．他の正多面体 ——実は残り二つで，正十二面体と正二十面体しかないのだが—— これらも紙から作ることができる．作り方は本章冒頭の折り紙の書籍を参照されたい．

ところでなぜ残り二つなのか．すなわち正多面体は全部で五つに限るのはなぜか．次章で述べよう．

第10章

オイラーの多面体定理とプラトンの立体

図 10.1 は，地球を球として日本を挟むように 2 本の子午線 (経線) を太線で描いた図である．

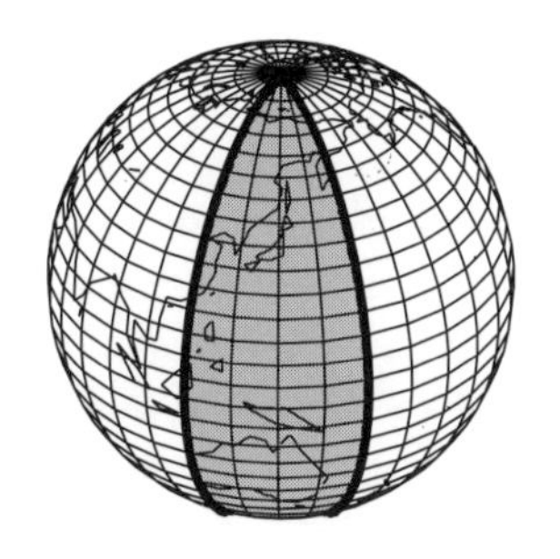

図 10.1 2 本の太線は日本を挟むような子午線.

2 本の子午線は異なる経度を通り，北極と南極で一致している大円の半分の弧である．図 10.1 において，この 2 本の子午線で囲まれた球面上の (日本を含んでいる) 灰色部分を球面 2 角形と呼ぶ [1]．本章では，より一般の球面 (凸) 多角形を定義し，それを用いて，オイラーの多面体定理を証明する．さらに，

[1] 拙著『実験数学読本 2 [67]』の第 5.3 節で，2 枚の十字の紙の帯からメビウスの帯を絡めて内角の和が 180 度の球面 2 角形を作る方法が紹介されている．2 枚の紙の帯を (十字ではなく) X (バツ) 字にすれば，図 10.1 のような内角の和が 180 度未満の球面 2 角形を作ることができる．

オイラーの多面体定理を用いて，正多面体はプラトンの立体と呼ばれる 5 種類のものに限ることを証明する．

1. 正多面体，あるいはプラトンの立体

3 次元空間内で，多角形をした有限個の面に囲まれた図形 (領域) を**多面体**と呼ぶ．もう少し詳しく，『岩波数学辞典 [35, 項目 217：正多面体]』の定義を以下に記そう．

> 3 次元空間内で，面と呼ばれる多角形の有限個の和集合が次の条件を満たすとき，(へりのない連結な) 多面体という．
>
> (1) どの面の辺も他のただ 1 つの隣接する面の辺になっている．
> (2) 全体がつながっている．
>
> 内部を含めた立体を多面体ということもある．

特に，凸な多面体を**凸多面体 (convex polyhedron)** と呼ぶ．有界な凸多面体は，有限個の半空間の共通部分として与えられる閉凸集合や有限個の点の凸包として特徴づけられる．(多面体の凸性は直観的に考えるもので十分なので，凸性の数学的な定義はここでは言及しないことにする．興味のある読者は『岩波数学入門辞典 [2, 項目：多面体]』を参照．)

図 10.2 (次ページ) は凸多面体の例である．

注意 10.1 「正多角反柱」は，『岩波数学入門辞典 [2, 項目：アルキメデス多面体]』における名称で，正 n 角形を底面とする正多角柱において，底面の正 n 角形を $\dfrac{360^\circ}{n}$ だけ回転させ，側面が交互に上向きと下向きの正三角形になるように底面を平行なままずらして得られる多面体，と定義されている．『岩波数学辞典 [35, 項目 217：正多面体]』の名称 (英語名称は regular antiprism)

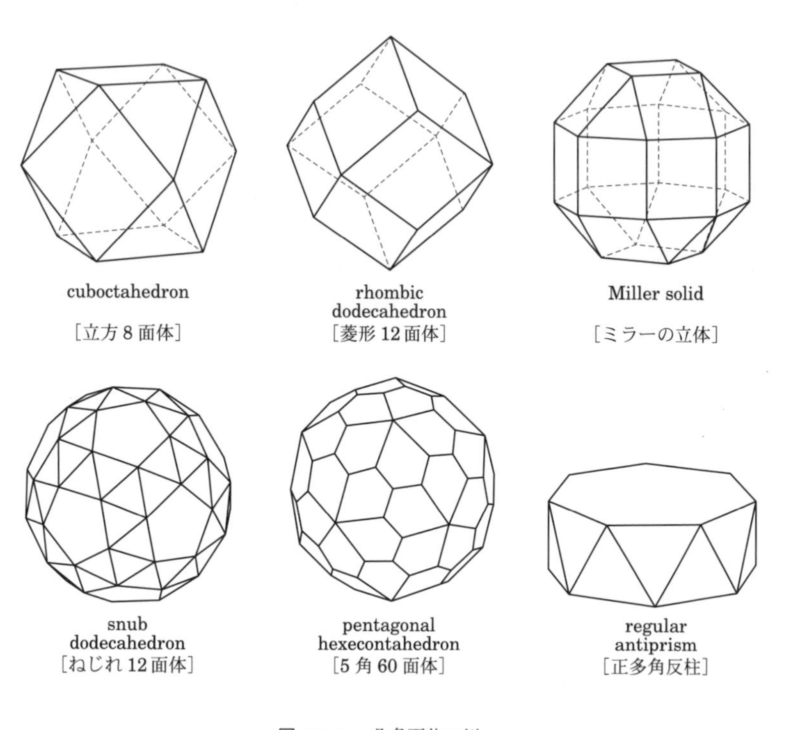

図 **10.2**　凸多面体の例.

は「反正多角柱」となっている.

凸多面体が次の条件を満たすとき**正多面体 (regular polyhedron)** という.

(1) 各面はすべて合同な正 p 角形で,
(2) 各頂点のまわりはすべて合同な正 q 角錐 (あるいは, 各頂点の稜線の数は q 本) である.

ここで, **正多角錐 (regular pyramid)** とは, 正多角形の中心を通るこの面に垂直な直線上に 1 点を取り, この点と正多角形上の点を結ぶすべての線分の集合として得られる図形, のことである.

図でみるとすぐにわかることを文で説明しようとするとなかなかやっかいで

すね．

(1)(2) の条件を満たしている正多面体をシュレーフリ [2] の記号 (Schläfli symbol) で $\{p,q\}$ と表す．正多面体は，

正 4 面体 (tetrahedron)

正 6 面体 (hexahedron) または立方体 (cube)

正 8 面体 (octahedron)

正 12 面体 (dodecahedron)

正 20 面体 (icosahedron)

の 5 種類である (図 10.3).

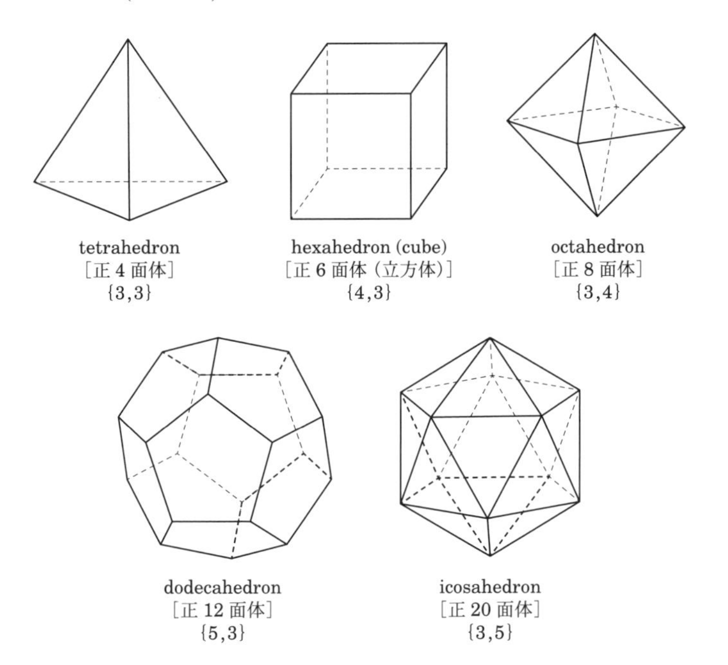

図 10.3　5 種類の正多面体とシュレーフリの記号.

[2] スイスの数学者 (Ludwig Schläfli, 1814–1895).

プラトン [3] は，この 5 種類の正多面体を元素に関連づけて説明したので，これらはしばしば**プラトンの立体 (Platonic solids)** と呼ばれる．後に，正多面体はこの 5 種類に限ることを，オイラー [4] の多面体定理を用いて証明する．

●── 長い英語名を分解してみよう

多面体の英語名は長すぎて，目がチカチカするが，落ちついて眺めると接頭辞から接尾辞まで該当する単語をつなげているだけに過ぎないことがわかる．

例えば，cuboctahedron は，

cube　(立方体)
octa–　(8)
–hedron　(○○面体)

を順に (語感良く) つなげただけである．

以下，その他のよく使う接頭辞と接尾辞をまとめておこう．

poly–　(多数の，多量の)
–gon　(○○角形)
tri–　(3)
tetra–　(4)
penta–　(5)
hexa–　(6)
dodeca–　(12)
icosa–　(20)
hexeconta–　(60)

これらに加えて，

rhombus　(菱形，斜方形)
snub　(ねじれ，変形)
truncated　(先 [端] を切り取った)

を知っておけば，図 10.2，図 10.3，および図 10.10 (174 ページ) のすべての

---

3) 古代ギリシアの哲学者．ソクラテスの弟子，アリストテレスの師 (Plátōn, BC427–BC347).

4) 18 世紀を代表する数理科学者 (Leonhard Euler, 1707 [スイス]–1783 [露]).

多面体の英語名が理解できる.(ちなみに,ミラーの立体は図 10.10 の斜方立方 8 面体の上部を 45 度回転させた形である.)

2. 球面凸多角形

凸多角形の面 (**f**ace),頂点 (**v**ertex),辺 (**e**dge) の個数をそれぞれ F, V, E とする.このとき,

$$V + F - E = 2$$

が成り立つ.これを**オイラーの多面体定理 (Euler's theorem on polyhedra)** という.

線 は 帳 　面 に引け
(辺) = (頂) + (面) (−2)
$E \;=\; V \;+\; F \quad -2$

という覚え方が知られている.

オイラーの多面体定理の証明はいろいろなものが知られているが,ここでは,球面凸多角形を使った証明を紹介する.(トート [56] を参考にした.) 単位球面上の有限個の半球の共通部分 D が内点をもつとき,D を**単位球面凸多角形**と呼ぶ.ここでは,簡単に**球面多角形**ということにする.図 10.4 は球面 2 角形,球面 3 角形,球面 4 角形の例である.

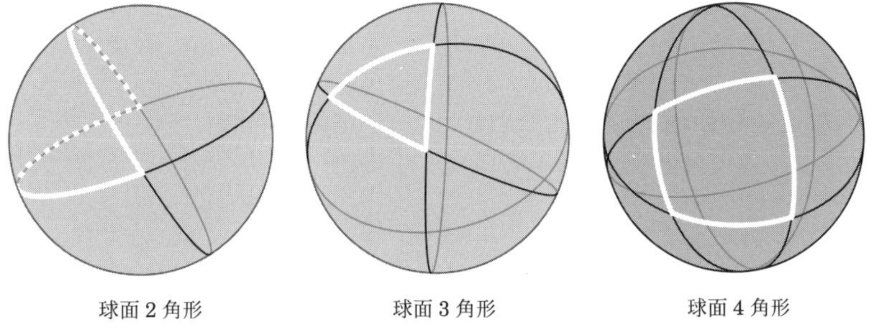

図 10.4 球面多角形の例.

図 10.5 のような，内角が α, β, γ の球面 3 角形を $\triangle$ とおき，その面積 $|\triangle|$ を求める．

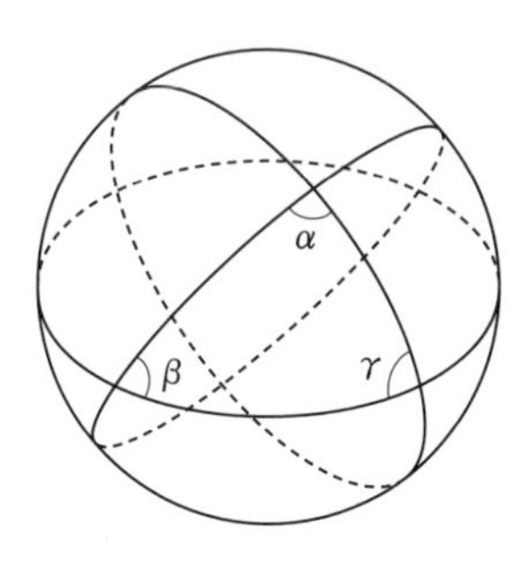

図 10.5　球面 3 角形．

球面 3 角形 $\triangle$ は，図 10.6 のような，内角がそれぞれ α, β, γ の三つの球面 2 角形を重ね合わせたときの三重の共通部分である．

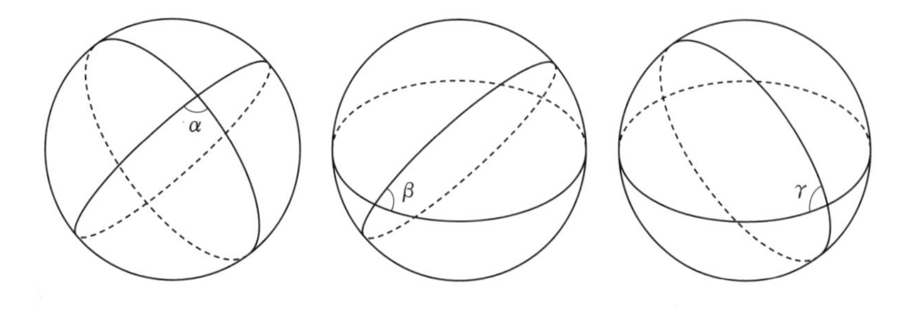

図 10.6　三つの球面二角形．

内角 α の球面 2 角形を A とおけば，その面積 $|A|$ は，

$$|A| = 4\pi \frac{\alpha}{2\pi} = 2\alpha$$

である．同様に，内角 β, γ の球面 2 角形をそれぞれ B, C とおけば，それらの面積は $|B| = 2\beta$, $|C| = 2\gamma$ である．

内角 α の球面 2 角形 A は，所望の球面 3 角形 $\triangle$ を一つ含んでいるが，球面上の対称な位置に A と合同な内角 α の球面 2 角形 A' があり，A' も $\triangle$ と合同な球面 3 角形 $\triangle'$ を含んでいる．内角 β,γ の球面 2 角形 B,C についても同様である．したがって，A,B,C,A',B',C' を重ね合わせると，球面全体を覆い，**さらに** $\triangle$ と $\triangle'$ をそれぞれ二重に覆う．よって，球面全体の面積は 4π であるから，

$$
\begin{aligned}
&(|A|+|B|+|C|)+(|A'|+|B'|+|C'|)=4\pi+2|\triangle|+2|\triangle'| \\
&\iff (2\alpha+2\beta+2\gamma)+(2\alpha+2\beta+2\gamma)=4\pi+4|\triangle| \\
&\iff |\triangle|=\alpha+\beta+\gamma-\pi
\end{aligned}
$$

を得る．

以上より，内角が α,β,γ の球面 3 角形の面積 $|\triangle|$ は，

$$|\triangle|=\alpha+\beta+\gamma-\pi$$

であることがわかった．

問 10.1　図 10.7 をヒントにして，内角が $\alpha,\beta,\gamma,\delta$ の球面 4 角形 $\square$ の面積 $|\square|$ が，

$$|\square|=\alpha+\beta+\gamma+\delta-2\pi$$

となることを示せ．

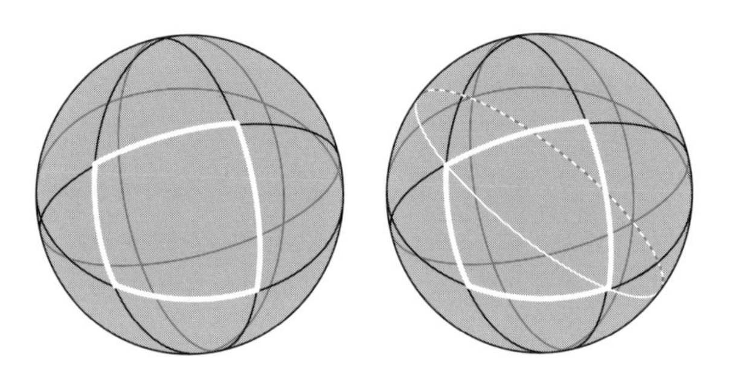

図 10.7　球面 4 角形．

答 10.1　内角が $\alpha,\beta,\gamma,\delta$ の球面 4 角形 □ の面積 $|\Box|$ は以下のように求まるだろう．まず，内角がこの順に反時計回りに並んでいるとして，向かい合う内角 β,δ の二つの頂点を通る大円 (対角線) を引いて，球面 4 角形を二つの球面 3 角形「内角が α,β',δ' の球面 3 角形 $\triangle_1$ と内角が β'',γ,δ'' の球面 3 角形 $\triangle_2$」に分割する．ここで，$\beta=\beta'+\beta''$, $\delta=\delta'+\delta''$ である．以上より，

$$\begin{aligned}|\Box| &= |\triangle_1|+|\triangle_2| \\ &= (\alpha+\beta'+\delta'-\pi)+(\beta''+\gamma+\delta''-\pi) \\ &= \alpha+(\beta'+\beta'')+\gamma+(\delta'+\delta'')-2\pi \\ &= \alpha+\beta+\gamma+\delta-2\pi\end{aligned}$$

がわかる．

より一般に，次の補題が示される．

補題 10.1　内角が $\alpha_1,\alpha_2,\cdots,\alpha_n$ の球面 n 角形の面積は，

$$\alpha_1+\alpha_2+\cdots+\alpha_n-(n-2)\pi$$

である．

問 10.2　上の補題を示せ．

答 10.2　球面 n 角形の頂点を反時計回りに $V_1,V_2,\cdots,V_n$ とし，頂点 V_i の内角が α_i であるとする $(i=1,2,\cdots,n)$．各 $i=3,4,\cdots,n-1$ に対して，V_1 と V_i を通る大円 (対角線) を引いて，球面 n 角形を $n-2$ 個の球面 3 角形 $\triangle_j$ に分ける $(j=1,2,\cdots,n-2)$．各球面 3 角形の面積 $|\triangle_j|$ は，内角の和から π を引いたものであり，すべての球面 3 角形の内角の和は，$A=\alpha_1+\alpha_2+\cdots+\alpha_n$ であるから，球面 n 角形の面積は，A から π の球面 3 角形の個数分引いた $A-(n-2)\pi$ となる．

3. オイラーの多面体定理の証明

いよいよオイラーの多面体定理を証明しよう．凸多面体の面数を F，頂点数を V，辺数を E とし，凸多面体のある内点を中心とした単位球面に射影すると，単位球面上には，F 個の球面 p_i 角形ができる $(i = 1, 2, \cdots, F)$．各球面 p_i 角形の内角を $\alpha_1, \alpha_2, \cdots, \alpha_{p_i}$ とすると，球面 p_i 角形の面積 f_{p_i} は，

$$f_{p_i} = \sum_{j=1}^{p_i} \alpha_j - (p_i - 2)\pi$$

となる．(本来は，$\alpha_j = \alpha_j^{(p_i)}$ などと書くべきだろうが，煩わしいので，α_j とした．) よって，すべての球面 p_i 角形の面積を足し合わせて，

$$\sum_{i=1}^{F} f_{p_i} = \sum_{i=1}^{F} \sum_{j=1}^{p_i} \alpha_j - \sum_{i=1}^{F} p_i\pi + \sum_{i=1}^{F} 2\pi$$

を得る．ここで，

$$\sum_{i=1}^{F} f_{p_i} = 4\pi \quad (\text{単位球面の表面積})$$

$$\sum_{i=1}^{F} \sum_{j=1}^{p_i} \alpha_j = 2\pi V \quad (\text{各頂点における球面多角形の内角の和は } 2\pi)$$

$$\sum_{i=1}^{F} p_i\pi = 2E\pi \quad (\{p_i\}_{i=1}^{F} \text{ の和をとると辺数は二重に数えられる})$$

$$\sum_{i=1}^{F} 2\pi = 2\pi F$$

である．ゆえに，両辺を 2π で割って，

$$2 = V - E + F$$

を得る．

●—— 寄り道：エレガントな解答をもとむ

『数学セミナー』の名物コーナー「エレガントな解答をもとむ」に次の問が出題された [11]．

問 10.3 (**球面三角法の正弦定理**)　図 10.8 のような (単位球面 O 上の) 球面三角形 ABC において，各頂点 A, B, C の内角をそれぞれ α, β, γ とし，弧 BC，弧 CA，弧 AB の長さをそれぞれ a, b, c とする．このとき，

$$\frac{\sin a}{\sin \alpha} = \frac{\sin b}{\sin \beta} = \frac{\sin c}{\sin \gamma}$$

を示せ．ただし，点 A, B, C, O は同一平面上にないものとする．

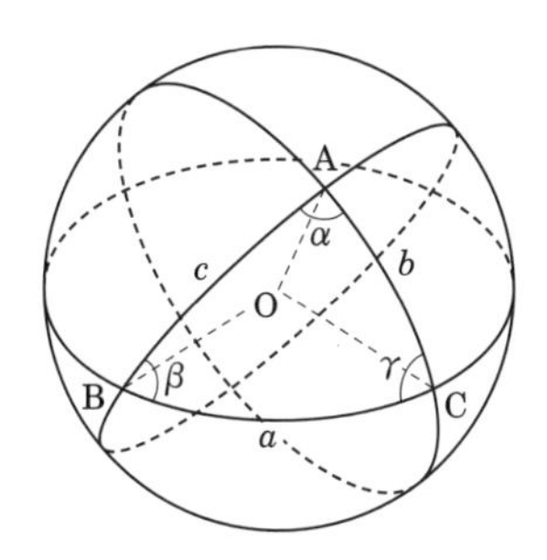

図 10.8　球面 3 角形 ABC.

ヒントは，

$$a = \angle \mathrm{BOC}, \qquad b = \angle \mathrm{COA}, \qquad c = \angle \mathrm{AOB} \tag{10.1}$$

である．

証明の前に，対比のため，高校数学で習う平面内の三角形 ABC に対する通常の正弦定理とその証明を提示しておこう．たしかに似ていますね．

定理 10.1 (**平面内の三角形の正弦定理**)　平面内の三角形 ABC において，各頂点 A, B, C の内角をそれぞれ α, β, γ とし，対辺の長さをそれぞれ a, b, c とする．このとき，

$$\frac{a}{\sin \alpha} = \frac{b}{\sin \beta} = \frac{c}{\sin \gamma}$$

が成り立つ．

証明　三角形 ABC の面積を $|\triangle\mathrm{ABC}|$ とおくと，

$$|\triangle\mathrm{ABC}| = \frac{1}{2}bc\sin\alpha = \frac{1}{2}ca\sin\beta = \frac{1}{2}ab\sin\gamma$$

である．辺々を 2 倍して，abc で割って，逆数をとれば，

$$\frac{a}{\sin\alpha} = \frac{b}{\sin\beta} = \frac{c}{\sin\gamma} = \frac{abc}{2\,|\triangle\mathrm{ABC}|} \tag{10.2}$$

を得る．□

では，球面三角法の正弦定理を証明しよう．ポイントはヒントの関係式 (10.1) から，角 α は $\overrightarrow{\mathrm{OA}}$ と $\overrightarrow{\mathrm{OB}}$ の張る面と $\overrightarrow{\mathrm{OC}}$ と $\overrightarrow{\mathrm{OA}}$ の張る面のなす角であること，そして，sin はベクトルの外積の大きさに現れることである．このことから $\sin\alpha$ をベクトルを使って表現することをとっかかりに証明に取り組むことにする．(いろいろな証明方法が前掲の記事 [11] で紹介されているので参照されたい．)

答 10.3　角 α は $\overrightarrow{\mathrm{OA}}$ と $\overrightarrow{\mathrm{OB}}$ の張る面と $\overrightarrow{\mathrm{OC}}$ と $\overrightarrow{\mathrm{OA}}$ の張る面のなす角であるから，それぞれの面に垂直なベクトルを

$$\boldsymbol{N}_{\mathrm{AB}} = \overrightarrow{\mathrm{OA}} \times \overrightarrow{\mathrm{OB}}, \qquad \boldsymbol{N}_{\mathrm{CA}} = \overrightarrow{\mathrm{OC}} \times \overrightarrow{\mathrm{OA}}$$

とおくと，$\boldsymbol{N}_{\mathrm{CA}}$ と $\boldsymbol{N}_{\mathrm{AB}}$ のなす角は α である．ゆえに，

$$|\boldsymbol{N}_{\mathrm{CA}} \times \boldsymbol{N}_{\mathrm{AB}}| = |\boldsymbol{N}_{\mathrm{CA}}|\,|\boldsymbol{N}_{\mathrm{AB}}|\sin\alpha$$

である．ここで，図 10.8 の球が単位球であることから，単位性 $\mathrm{OA} = \mathrm{OB} = \mathrm{OC} = 1$ が成り立つことに注意すると，単位性と (10.1) から，

$$|\boldsymbol{N}_{\mathrm{AB}}| = \mathrm{OA}\cdot\mathrm{OB}\,\sin\angle\mathrm{AOB} = \sin c$$

$$|\boldsymbol{N}_{\mathrm{CA}}| = \mathrm{OC}\cdot\mathrm{OA}\,\sin\angle\mathrm{COA} = \sin b$$

が成り立つから，

$$|\boldsymbol{N}_{\mathrm{CA}} \times \boldsymbol{N}_{\mathrm{AB}}| = \sin b\,\sin c\,\sin\alpha$$

がわかる.

一方, 外積 $\boldsymbol{N}_{\mathrm{CA}} \times \boldsymbol{N}_{\mathrm{AB}}$ を, (1) ベクトル三重積, (2) 直交性 $\boldsymbol{N}_{\mathrm{CA}} \perp \overrightarrow{\mathrm{OA}}$, (3) スカラー三重積, から直接計算すると,

$$\begin{aligned}\boldsymbol{N}_{\mathrm{CA}} \times \boldsymbol{N}_{\mathrm{AB}} &= \boldsymbol{N}_{\mathrm{CA}} \times (\overrightarrow{\mathrm{OA}} \times \overrightarrow{\mathrm{OB}}) \\ &\overset{(1)}{=} (\boldsymbol{N}_{\mathrm{CA}} \cdot \overrightarrow{\mathrm{OB}})\,\overrightarrow{\mathrm{OA}} - (\boldsymbol{N}_{\mathrm{CA}} \cdot \overrightarrow{\mathrm{OA}})\,\overrightarrow{\mathrm{OB}} \\ &\overset{(2)}{=} ((\overrightarrow{\mathrm{OC}} \times \overrightarrow{\mathrm{OA}}) \cdot \overrightarrow{\mathrm{OB}})\,\overrightarrow{\mathrm{OA}} \\ &\overset{(3)}{=} \det(\overrightarrow{\mathrm{OB}},\ \overrightarrow{\mathrm{OC}},\ \overrightarrow{\mathrm{OA}})\,\overrightarrow{\mathrm{OA}}\end{aligned}$$

となって, 単位性から,

$$|\boldsymbol{N}_{\mathrm{CA}} \times \boldsymbol{N}_{\mathrm{AB}}| = |\det(\overrightarrow{\mathrm{OB}},\ \overrightarrow{\mathrm{OC}},\ \overrightarrow{\mathrm{OA}})| = |\det(\overrightarrow{\mathrm{OA}},\ \overrightarrow{\mathrm{OB}},\ \overrightarrow{\mathrm{OC}})|$$

がわかる. ここで, $|\det(\overrightarrow{\mathrm{OA}},\ \overrightarrow{\mathrm{OB}},\ \overrightarrow{\mathrm{OC}})|$ は $\overrightarrow{\mathrm{OA}}$, $\overrightarrow{\mathrm{OB}}$, $\overrightarrow{\mathrm{OC}}$ の張る平行六面体 (図 10.9) の体積である.

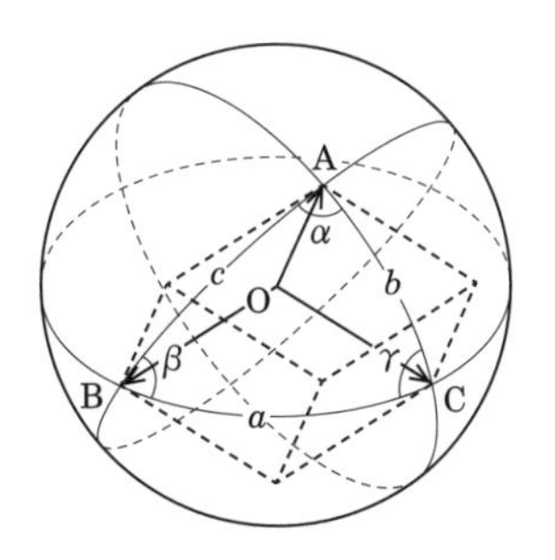

図 **10.9**　太破線は平行六面体.

$\overrightarrow{\mathrm{OA}}$, $\overrightarrow{\mathrm{OB}}$, $\overrightarrow{\mathrm{OC}}$ の張る平行六面体の体積は, いずれかの平行四辺形の面 (底面) と高さの積であり, 四面体 OABC の体積はその底面の半分の三角形の面積と同じ高さの積の三分の一である. したがって, 四面体 OABC の体積を |◬OABC| とすると,

$$|\det(\overrightarrow{\mathrm{OA}},\ \overrightarrow{\mathrm{OB}},\ \overrightarrow{\mathrm{OC}})| = 6\,|\text{◬}\mathrm{OABC}|$$

である.

以上より，

$$\frac{\sin a}{\sin \alpha} = \frac{\sin a \sin b \sin c}{\sin b \sin c \sin \alpha} = \frac{\sin a \sin b \sin c}{|\boldsymbol{N}_{\mathrm{CA}} \times \boldsymbol{N}_{\mathrm{AB}}|} = \frac{\sin a \sin b \sin c}{6\,|\triangle \mathrm{OABC}|}$$

となる．最右辺は a, b, c について対称だから，$\dfrac{\sin b}{\sin \beta}$ と $\dfrac{\sin c}{\sin \gamma}$ も同じ値をとることがわかり，

$$\frac{\sin a}{\sin \alpha} = \frac{\sin b}{\sin \beta} = \frac{\sin c}{\sin \gamma} = \frac{\sin a \sin b \sin c}{6\,|\triangle \mathrm{OABC}|} \tag{10.3}$$

を得る．

注意　(10.2) と (10.3) の類似性に注目！

4.　オイラーの多面体定理の応用

凸多面体において，各面の辺数を $p_1, p_2, \cdots, p_F$ とし，各頂点における稜線の数 (稜数という) を $q_1, q_2, \cdots, q_V$ とすると，

$$\sum_{i=1}^{F} p_i = \sum_{i=1}^{V} q_i = 2E$$

である．また，一面あたりの平均辺数と一頂点あたりの平均稜数をそれぞれ

$$p_{\mathrm{av}} = \frac{2E}{F}, \qquad q_{\mathrm{av}} = \frac{2E}{V}$$

とする．

補題 10.2　以下が成り立つ．

$$3 \leqq p_{\mathrm{av}} \leqq 6 - \frac{12}{F} < 6, \qquad 3 \leqq q_{\mathrm{av}} \leqq 6 - \frac{12}{V} < 6$$

証明　$p_i \geqq 3$, $q_i \geqq 3$ より，

$$2E = \sum_{i=1}^{F} p_i \geqq 3F \tag{10.4}$$

$$2E = \sum_{i=1}^{V} q_i \geqq 3V \tag{10.5}$$

がわかり，これより，$p_{\mathrm{av}} \geqq 3$, $q_{\mathrm{av}} \geqq 3$ である．

オイラーの多面体定理より，$3V + 3F - 3E = 6$ であるから，

$$(10.4) \implies E + 6 = 3V + 3F - 2E \leqq 3V$$

$$(10.5) \implies E + 6 = 3F + 3V - 2E \leqq 3F$$

がわかる．これより，各不等式の両辺を 2 倍して，それぞれ V, F で割って所望の不等式を得る．□

補題 10.3　m 角形の面数を F_m, 稜線の数が m 個の頂点数を V_m とすると，以下が成り立つ．

$$F_3 + V_3 \geqq 8$$

証明　四つの等式

$$\sum_{m \geqq 3} F_m = F, \qquad \sum_{m \geqq 3} mF_m = 2E$$

$$\sum_{m \geqq 3} V_m = V, \qquad \sum_{m \geqq 3} mV_m = 2E$$

より，

$$4F - 2E = \sum_{m \geqq 3} (4-m)F_m, \qquad 4V - 2E = \sum_{m \geqq 3} (4-m)V_m$$

である．辺々足すと，

$$4(F + V - E) = F_3 + V_3 - \sum_{m \geqq 5} (m-4)(F_m + V_m) \leqq F_3 + V_3$$

左辺はオイラーの多面体定理から 8 であるから，$F_3 + V_3 \geqq 8$ がわかる．□

注意 10.2 これより，$F_3 = V_3 = 0$ はあり得ない，すなわち，三角形の面がなく，かつ稜線数がちょうど 3 である頂点もない凸多面体は存在しないことがわかる．よって，凸多面体には三角形の面があるか，稜線数がちょうど 3 である頂点がある．

補題 10.4 正多面体はプラトンの立体の 5 種類に限る．

証明 補題 10.2 より，$3 \leqq p, q < 6$ で，補題 10.3 より，$p = 3$ か $q = 3$ であるから，正多面体はシュレーフリの記号で

$$\{3,3\},\ \{4,3\},\ \{3,4\},\ \{5,3\},\ \{3,5\}$$

の 5 種類しかなく，これらの正多面体はそれぞれ，正 4 面体，正 6 面体，正 8 面体，正 12 面体，正 20 面体であることがわかる． □

注意 10.3 次のように考えても補題 10.4 は証明できる．シュレーフリの記号で $\{p,q\}$ の正多面体において，正 p 角形の内角は $\theta = \pi - \dfrac{2\pi}{p}$ で，各頂点において，$q\theta < 2\pi$ であるから，

$$\pi - \frac{2\pi}{p} < \frac{2\pi}{l} \iff \frac{1}{p} + \frac{1}{q} > \frac{1}{2}(p-2)(q-2) < 4$$

一方，$p, q \geqq 3$ であるから，正多面体はプラトンの立体の 5 種類に限ることがわかる．

●── アルキメデス多面体

最後にプラトンの立体の仲間を紹介しよう．次の定義は『岩波数学入門辞典 [2, 項目：アルキメデス多面体]』による．（『岩波数学辞典 [35, 項目 217：正多面体]』ではアルキメデスの立体と呼んでいる．）

凸な多面体が次の条件を満たすとき**アルキメデス多面体**という.

(1) 各面は正多角形であり, 2 つ以上の異なる正多角形が面として現れる.
(2) すべての辺の長さは等しい.
(3) 各頂点での多角錐は合同である.

側面が正方形の正多角柱と正多角反柱 (図 10.2) は, これらの条件を満たすが, 通常アルキメデスの多面体から除外されるようである. アルキメデス多面体は全部で 13 種類あることが知られている (図 10.10). サッカーボールは切頭 20 面体に相当する.

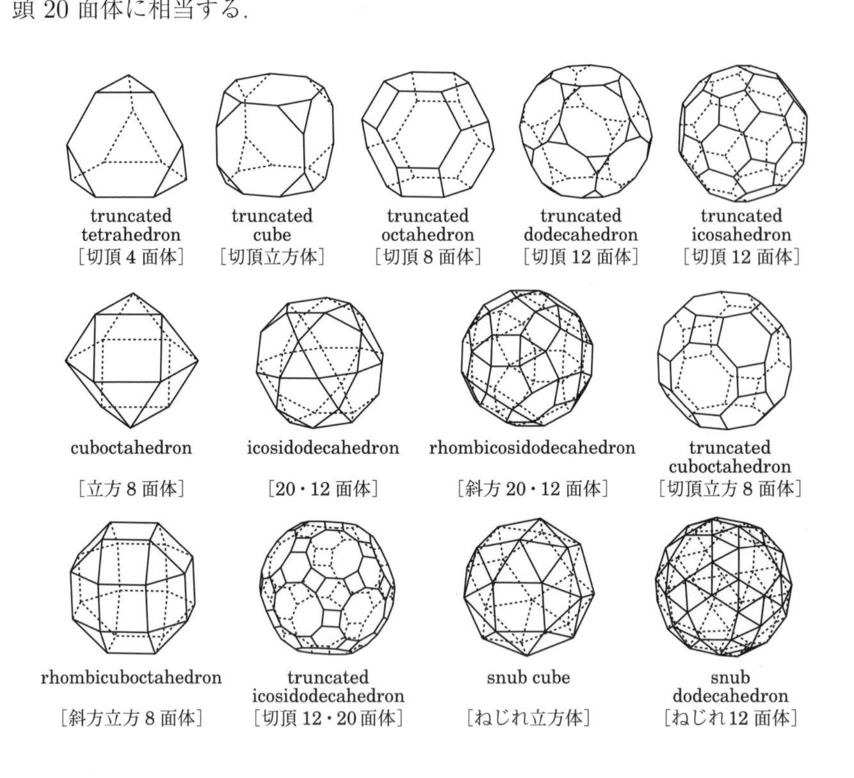

図 10.10　アルキメデス多面体.

第 IV 部

深める数理2章

第 11 章

17 段目の不思議，そして裏にはフィボナッチ

1.　「17 段の不思議」(第 0.21 節) の続き：からくり

からくりを考えよう．

表 11.1 (a) (次ページ) は，縦の列の計算過程である．1 段目の数を x，2 段目の数を y とし，手順通りに 3 段目に $x + y$ を書く．(ただし，1 の位の数の表示ではなく，単純な和の羅列である．)　以下順次計算すると，17 段目には $610x + 987y$ の 1 の位の数が入る．

もう少し整理しよう．実際の計算において，例えば 8 段目の $13y$ は，$10y + 3y$ であり，1 の位だけをみるのだから少なくとも $10y$ は不要である．よって，$3y$ とすればよい．(もちろん，$3y$ も 1 桁の数かどうかはわからない．)　このように考えて，表 11.1 (a) は (b) のように書き換えられる．そうして，17 段目を見ると，x の係数は 0 で，y の係数は 7 だから，1 段目にどのような数 x を与えたとしても，17 段目にはそれが反映されず，2 段目の数 y の 7 倍の 1 の位の数が入ることがわかる．

◉── 表 0.2 (a) (43 ページ) のからくり

2 段目が $y = 5$ ならば，17 段目も 5 になる．

表 11.1

(a)

1	x
2	y
3	$x+y$
4	$x+2y$
5	$2x+3y$
6	$3x+5y$
7	$5x+8y$
8	$8x+13y$
9	$13x+21y$
10	$21x+34y$
11	$34x+55y$
12	$55x+89y$
13	$89x+144y$
14	$144x+233y$
15	$233x+377y$
16	$377x+610y$
17	$610x+987y$

(b)

1	$1x+0y$
2	$0x+1y$
3	$1x+1y$
4	$1x+2y$
5	$2x+3y$
6	$3x+5y$
7	$5x+8y$
8	$8x+3y$
9	$3x+1y$
10	$1x+4y$
11	$4x+5y$
12	$5x+9y$
13	$9x+4y$
14	$4x+3y$
15	$3x+7y$
16	$7x+0y$
17	$0x+7y$

(c)

1	1	0
2	0	1
3	1	1
4	1	2
5	2	3
6	3	5
7	5	8
8	8	3
9	3	1
10	1	4
11	4	5
12	5	9
13	9	4
14	4	3
15	3	7
16	7	0
17	0	7

◉── 表 0.2 (b) (43 ページ) のからくり

2 段目が $y=0,3,6,9,2,5$ ならば，17 段目は $0,1,2,3,4,5$ となる．(手順 2 で，5 の後に続けるならば 8, 1, 4, 7 がよいといった理由もわかるであろう．)

2. 18 段目以降はどうなるのか

表 11.1 (b) からわかるように，x と y の係数は独立に計算しているのだから，x と y の文字は不要で，係数だけを計算すればよいことがわかる．(c) は (b) の係数だけを並べたものである．

ここまでからくりが明らかになると，18 段目以降の振る舞いが気になってくるが，何段まで足し算すればよいかの見通しもないまま，ひたすら足し算をする気にもならない．そこで表計算ソフトを使うことにする．表 11.1 (c) の続きを書けばよいので簡単である．

注意 11.1　表計算ソフトとして，マイクロソフト社のエクセル (Excel) は有名だが有償である．フリー (無償) のものとして，例えば，Google スプレッドシート (spread sheet) や OpenOffice カルク (Calc) などがある．

表 11.2 のように，セル A1，B1，A2，B2 にそれぞれ 1, 0, 0, 1 を入力する．

表 11.2

	A	B
1	1	0
2	0	1
3	A3	B3
4	A4	B4

セル A3 には，A1 と A2 の和の 1 の位，すなわち，A1 と A2 の和を 10 で割った余りを入れればよい．エクセルやスプレッドシートの場合，セル A3 には，

=MOD(A1+A2,10)

を入力する (カルクの場合「=MOD(A1+A2;10)」).

同様に，

セル B3 には「=MOD(B1+B2,10)」を，

セル A4 には「=MOD(A2+A3,10)」を，

順次代入していく．

以降のセルには，フィルハンドルを使って同じ操作の繰り返しコピーができる．例えば，エクセルの場合，図 11.1 (次ページ) のようにする．

(a) セル A3 と B3 を選択するとカーソルは白十字になる．

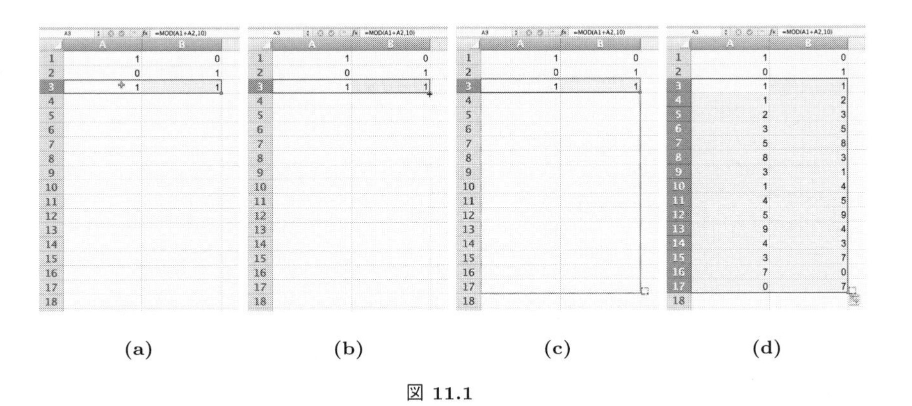

(a) (b) (c) (d)

図 11.1

(b) セルの右下にカーソルをおくと白十字が「+」に変形する.

(c) 17 段目までカーソルを移動する.

(d) 確定すると，同じ操作の繰り返しコピーが完成する.

この調子で 62 段目までコピーすると，表 11.3 のような結果を得る (抜粋).

表 11.3

(a)

	A	B
1	1	0
2	0	1
⋮	⋮	⋮

(b)

⋮	⋮	⋮
16	7	0
17	0	7

(c)

⋮	⋮	⋮
31	9	0
32	0	9

(d)

⋮	⋮	⋮
46	3	0
47	0	3

(e)

⋮	⋮	⋮
61	1	0
62	0	1

(a) 1-2 段目に 1, 0, 0, 1 と入力する.

(b) 16-17 段目は，1-2 段目の 7 倍であった.

(c) よって，15 段後の 31-32 段目は，さらに 7 倍，すなわち 1-2 段目の 49 倍 (つまり 9 倍) となることがわかる.

(d) 次の 15 段後の 46-47 段目は，49 倍の 7 倍，すなわち 1-2 段目の 7^3 倍 (つまり 3 倍) となることがわかる.

(e) そして，次の 15 段後の 61-62 段目は，1-2 段目の 7^4 倍 (つまり 1 倍)，すなわち **1-2 段目と同じ数値が現れる**ことがわかる．

以上の現象は，どの段から始めても，(それを 1 段目と思えばよいのだから) 同じである．よって，(n)-$(n+1)$ 段目の数の組と 60 段後の $(n+60)$-$(n+61)$ 段目の数の組とが必ず等しくなることがわかった．なぜ隣接する段の数の組が等しくなる組が現れたのか，また，それらの組の段数差が 60 であることはどのように特徴付けられるのか？

この疑問に立ち向かうために状況を整理しよう．

3.　法 10 のフィボナッチ数列

状況を俯瞰するために，より一般的な見地から問題設定を考える．

◉── フィボナッチ数列

各列の数の並びは，1 段目と 2 段目の 1 桁の数を最初の 2 項として生成されるフィボナッチ数列の 1 の位を並べたものにほかならないことに注意する．ここでフィボナッチ数列 $\{a_n\}_{n=1}^{\infty}$ とは，次の漸化式で定義される数列のことをいう．a_1 と a_2 は初期値として与える．

$$a_{n+2} = a_n + a_{n+1} \qquad (n = 1, 2, \cdots)$$

本来，初期値を $a_1 = 0$, $a_2 = 1$ (あるいは $a_1 = a_2 = 1$) としたときの数列をフィボナッチ数列と呼ぶが，ここでは，任意の初期値 a_1 と a_2 に対して，上の漸化式から生成される数列もフィボナッチ数列と呼ぶことにする．

◉── 合同式

1 の位を並べた列とは，言い換えると 10 で割った余りを並べた列のことである．そこで「余り」の計算に関する便利な記法を導入する．正の整数 m に対して整数 a, b の差 $a-b$ が m で割り切れるとき，a と b は m を法 (modulus) として合同といい，

$$a \equiv b \pmod{m}$$

と表す．これは言い換えると，a, b のそれぞれを m で割ったときの余りが等しいことにほかならない．例えば，

$$377 \equiv 7 \pmod{10}, \qquad 8 \equiv 2 \pmod{3}$$

である．

●――法 m のフィボナッチ数列

整数 $m > 1$ に対して整数を m で割った余りの集合を $\mathbb{Z}_m = \{0, 1, 2, \cdots, m-1\}$ と書くことにする．そして，任意の $a_1, a_2 \in \mathbb{Z}_m$ と $n = 1, 2, \cdots$ に対して，m を法とするフィボナッチ数列を

$$a_n + a_{n+1} \equiv a_{n+2} \in \mathbb{Z}_m \qquad \pmod{m}$$

と定義する．つまり，$a_n, a_{n+1} \in \mathbb{Z}_m$ が与えられたとき，$a_n + a_{n+1}$ を m で割った余りを a_{n+2} とする．余りが 2 種類できることはないから，このように構成された数列 $\{a_n\}_{n=1}^{\infty}$ は，最初の 2 項 $a_1, a_2 \in \mathbb{Z}_m$ を決めれば一意に定まる．この数列を簡単に「法 m のフィボナッチ数列」と呼ぶことにする．

例 11.1　$\mathbb{Z}_{10}$ において，$a_1 = 5$, $a_2 = 7$ としたとき，

$$5 + 7 \equiv 2 \in \mathbb{Z}_{10} \pmod{10}$$

であるから，$a_3 = 2$ である．

以後，m を法として $a \equiv c$ かつ $b \equiv d$ であることを，まとめて

$$(a, b) \equiv (c, d) \pmod{m}$$

と表すことにする．法 m のフィボナッチ数列 $\{a_n\}_{n=1}^{\infty}$ において，最初の 2 項が $(a_1, a_2) \equiv (0, 0) \in \mathbb{Z}_m^2 = \mathbb{Z}_m \times \mathbb{Z}_m$ であるとその後は $a_n = 0$ が続くだけである．また，途中から $(a_n, a_{n+1}) \equiv (0, 0) \in \mathbb{Z}_m^2$ となることはない．実際，ある $n > 1$ においてはじめて $(a_n, a_{n+1}) \equiv (0, 0) \in \mathbb{Z}_m^2$ となったとする．こ

のとき (はじめてだから) $a_{n-1} \in \{1, 2, \cdots, m-1\}$ である．よって，$a_{n+1} \equiv a_{n-1} + a_n = a_{n-1} \neq 0$ だから $a_{n+1} \equiv 0$ に矛盾する．

すべての項が 0 である，すなわち最初の 2 項が 0 であるフィボナッチ数列を自明なフィボナッチ数列と呼ぶことにする．

次のことはすぐにわかる．

命題 11.1　自明でない，法 m のフィボナッチ数列 $\{a_n\}_{n=1}^{\infty}$ に対して，

$$(a_{1+k}, a_{2+k}) \equiv (a_1, a_2) \pmod{m}$$

を満たす初期値 (a_1, a_2) と m に依存して定まる正の整数 k が存在する．

証明　法 m のフィボナッチ数列の各項の値は $\mathbb{Z}_m$ の要素であるから，隣接する項の組 (a_n, a_{n+1}) は，(x, y) $(x, y \in \mathbb{Z}_m)$ の形の合計 m^2 種類の中の一つである．よって，(a_1, a_2) から (a_{m^2}, a_{m^2+1}) までの m^2 個の組がすべて異なる数の組であったとしても，次の段の組 (a_{m^2+1}, a_{m^2+2}) は，それまでのもののいずれかと等しくならざるを得ない．鳩の巣の原理から，m^2 個から m^2+1 個の異なるものを選ぶことはできないからである．ゆえに，次を満たす $l \in \{1, 2, \cdots, m^2\}$ が存在する．

$$(a_l, a_{l+1}) \equiv (a_{m^2+1}, a_{m^2+2}) \pmod{m}$$

この l は初期値 (a_1, a_2) と m に依存して定まる．(このような l が複数ある場合は，その中で最大のものを改めて l とおく．)

これより，

$$a_{m^2+2} - a_{m^2+1} \equiv a_{l+1} - a_l \iff a_{m^2} \equiv a_{l-1} \pmod{m}$$

がわかる．同様に，

$$a_{m^2+1} - a_{m^2} \equiv a_l - a_{l-1} \iff a_{m^2-1} \equiv a_{l-2} \pmod{m}$$

もわかる．これを続けていって，$k = m^2 + 1 - l$ として，

$$(a_1, a_2) \equiv (a_{1+k}, a_{2+k}) \pmod{m}$$

を得る．この k も l と同様に初期値 (a_1, a_2) と m に依存して定まる． □

命題 11.1 の k を $k(a_1, a_2; m)$ と書くことにする．例えば $k(1,0;2) = k(0,1;2) = k(1,1;2) = 3$ はすぐにわかる．また表計算ソフトを使えば，

$$k(0,5;10) = 3, \qquad k(2,6;10) = 4, \qquad k(1,3;10) = 12$$

$$k(0,2;10) = 20, \qquad k(1,0;10) = k(0,1;10) = k(1,1;10) = 60$$

など，初期値に応じていろいろな k の値があり得ることもわかる．

初期値が $(b_1, b_2) = (1, 0)$ である法 m のフィボナッチ数列を $\{b_n\}_{n=1}^{\infty}$ とし，初期値が $(c_1, c_2) = (0, 1)$ である法 m のフィボナッチ数列を $\{c_n\}_{n=1}^{\infty}$ とする．このとき $\{b_n\}_{n=1}^{\infty}$ と $\{c_n\}_{n=1}^{\infty}$ は一つ項がずれただけの数列 $b_{n+1} = c_n$ である $(n = 1, 2, \cdots)$．したがって $k(1,0;m) = k(0,1;m)$ を得る．$k_* = k(1,0;m) = k(0,1;m)$ とおく．

一般に，初期値が $(a_1, a_2) = (p, q) \in \mathbb{Z}_m^2$ である自明でない法 m のフィボナッチ数列を $\{a_n\}_{n=1}^{\infty}$ とする．このとき，法 m について

$$\begin{cases} a_1 = p = p \cdot 1 + q \cdot 0 = pb_1 + qc_1 \\ a_2 = q = p \cdot 0 + q \cdot 1 = pb_2 + qc_2 \end{cases}$$

$$\Longrightarrow \ a_3 \equiv a_1 + a_2 = p(b_1 + b_2) + q(c_1 + c_2) \equiv pb_3 + qc_3$$

$$\Longrightarrow \ a_4 \equiv a_2 + a_3 = p(b_2 + b_3) + q(c_2 + c_3) \equiv pb_4 + qc_4$$

となるので，これを続けると一般に $a_n \equiv pb_n + qc_n$ を得る．よって，

$$a_{1+k_*} \equiv pb_{1+k_*} + qc_{1+k_*} \equiv pb_1 + qc_1 = a_1 \pmod{m}$$

となるので，$k(p,q;m) \leqq k_*$ を得る．また，$k(p,q;m)$ は k_* の約数である．実際，$l = k(p,q;m)$ として，

$$a_1 \equiv a_{1+l} \equiv a_{1+2l} \equiv \cdots \equiv a_{1+ml} \equiv \cdots \pmod{m}$$

と続けていくと，$a_{1+k_*} \equiv a_1$ だから，いつか $k_* = ml$ となる整数 m が現れる．

以上の考察から，あらゆる $(a_1, a_2) \in \mathbb{Z}_m^2$ に対する各 $k(a_1, a_2; m)$ の値の最

小公倍数が k_* であることがわかった．これより，法 m のフィボナッチ数列は周期的であるといい，k_* を (基本) 周期と呼ぶ．この周期はピサノ (Pisano) 周期と呼ばれ [62]，しばしば $k_* = \pi(m)$ と書かれる．(π は周期 (period) か Pisano の頭文字 p か不明．いずれにせよ，$p(m)$ と書かない理由は，m として素数 (prime) p の場合を考えたいからであろう．)

以上の記法と用語を使えば,「17 段目の不思議」の各列の計算は，

1-2 段目の $a_1, a_2 \in \mathbb{Z}_{10}$ を初期値とする法 10 のフィボナッチ数列の展開

といえる．そして周期は

$$\pi(10) = 60$$

である．この事実は，ラグランジュ[1] が 1774 年に発見しており [29, p.105]，さらに，ラグランジュは命題 11.1 を示していた [7, Chapter XVII].

しかし，これだけでは 60 という数値の特徴付けは不明である．次節でなぜ $\pi(10) = 60$ となったのかのからくりを明らかにしよう．

4.　周期 $\pi(10) = 60$ の特徴付け

まず，少し一般に，法 m とピサノ周期 $\pi(m)$ の関係をみるためにいくつかの m についてコンピュータで計算した．プログラムは素朴なもので，

$a_1 = 0$, $a_2 = 1$ からスタートし，$n = 1, 2, \cdots$ に対して法 m のフィボナッチ数列を順次計算し，$n > 1$ ではじめて $(a_n, a_{n+1}) = (a_1, a_2)$ となったとき，周期を $\pi(m) = n - 1$ とする

というものである．こうして得られた周期表が表 11.4 (次ページ) である．

---

1) オイラーと並び 18 世紀を代表する数理科学者 (Joseph-Louis Lagrange, 1736 [伊]–1813 [仏]).

表 11.4

m	π	11	10		41	40		91	112		291	392	
2	3	12	24		42	48		92	48		292	444	
3	8	13	28		43	88		93	120		293	588	
4	6	14	48		44	30		94	96		294	336	
5	20	15	40	⋯	45	120	⋯	95	180	⋯	295	580	⋯
6	24	16	24		46	48		96	48		296	228	
7	16	17	36		47	32		97	196		297	360	
8	12	18	24		48	24		98	336		298	444	
9	24	19	18		49	112		99	120		299	336	
10	60	20	60		50	300		100	300		300	600	

●——法 2 のとき $\pi(2)=3$ である

例えば，法 2 のとき $\pi(2)=3$ であるが，このことは手計算ですぐにわかる (表 11.5).

表 11.5　法 2 のフィボナッチ数列

n	1	2	3	4	5	⋯
a_n	**0**	**1**	1	**0**	**1**	⋯

●——法 5 のとき $\pi(5)=20$ である

次に，法 5 のとき $\pi(5)=20$ であるが，このことは a_{21}，a_{22} まで計算しなくても，途中でわかる.

表 11.6　法 5 のフィボナッチ数列

n	1	2	3	4	5	6	7	⋯
a_n	**0**	**1**	1	2	3	**0**	**3**	⋯

実際，表 11.6 の状況から，

$$a_{n+5} \equiv 3a_n, \quad a_{n+6} \equiv 3a_{n+1} \pmod 5$$

がわかる．以後，m を法として $a \equiv kc$ かつ $b \equiv kd$ が成り立つことを，まとめて

$$(a, b) \equiv k(c, d) \pmod{m}$$

と表すことにすると，

$$(a_{n+5}, a_{n+6}) \equiv 3(a_n, a_{n+1}) \pmod{5}$$

が成り立つことがわかる．つまり，5 段進むと 3 倍になるということである．さらに 5 段進むと，

$$(a_{n+10}, a_{n+11}) \equiv 3(a_{n+5}, a_{n+6}) \equiv 9(a_n, a_{n+1}) \equiv 4(a_n, a_{n+1}) \pmod{5}$$

から 4 倍になる．さらに 5 段進むと，

$$(a_{n+15}, a_{n+16}) \equiv 4(a_{n+5}, a_{n+6}) \equiv 12(a_n, a_{n+1}) \equiv 2(a_n, a_{n+1}) \pmod{5}$$

から 2 倍になる．そして，さらに 5 段進むと，

$$(a_{n+20}, a_{n+21}) \equiv 2(a_{n+5}, a_{n+6}) \equiv 6(a_n, a_{n+1}) \equiv (a_n, a_{n+1}) \pmod{5}$$

となってもとに戻る．こうして $\pi(5) = 20$ がわかる．

◉── そして，法 10 のとき $\pi(10) = 60$ である

なぜ，天下り的に $\pi(2) = 3$ と $\pi(5) = 20$ を計算したのか．それは次の命題を使って $\pi(10) = \pi(2 \cdot 5)$ を特徴付けることができるからである．

命題 11.2　以下の同値性が成り立つ．

$$\begin{cases} \alpha \equiv \beta \pmod{2} \\ \alpha \equiv \beta \pmod{5} \end{cases} \iff \alpha \equiv \beta \pmod{10}$$

この命題は，$\alpha - \beta$ が 2 の倍数かつ 5 の倍数であることと，10 の倍数であることが同値であることを言っているにすぎない．ほぼ自明にも思える，この

同値性の丁寧な (若干しつこい？) 証明は後述するとして，以下，命題 11.2 を使って $\pi(10) = 60$ を示そう．

前 2 節で $\pi(2) = 3$ と $\pi(5) = 20$ であることをみた．この事実を適用すると，$\pi(2) = 3$ から

$$(a_n, a_{n+1}) \equiv (a_{n+3}, a_{n+4}) \equiv \cdots \equiv (a_{n+60}, a_{n+61}) \equiv \cdots \pmod 2$$

がわかり，$\pi(5) = 20$ から，

$$(a_n, a_{n+1}) \equiv (a_{n+20}, a_{n+21}) \equiv \cdots \equiv (a_{n+60}, a_{n+61}) \equiv \cdots \pmod 5$$

がわかる．

よって，命題 11.2 から，

$$(a_{n+60}, a_{n+61}) \equiv (a_n, a_{n+1}) \pmod{10}$$

を得る．これより，$\pi(10) = \pi(2 \cdot 5) = 60$ は $\pi(2) = 3$ と $\pi(5) = 20$ の最小公倍数として特徴付けられることがわかった．

◉── 命題 11.2 の証明

m が n を割り切る，すなわち，$n = km$ という整数 k があるとする．整数全体の集合を $\mathbb{Z}$ と書くことにすると，

k が整数であるとは, $k \in \mathbb{Z}$ ということ

になる．したがって，m が n を割り切るとは，

$n = km$ を満たす $k \in \mathbb{Z}$ がある

($n = km$ が成り立つようなある $k \in \mathbb{Z}$ が存在する)

ことと言い換えられる．これを数学的に英語で表現すると，

There exists a $k \in \mathbb{Z}$ such that $n = km$ holds.

となる．ここで，ある (exist) の頭文字 e の大文字 E の鏡文字をつかって，∃ という記号で「ある (存在する) こと」を表すことにして，上の英文をそのまま次のような論理式で表現する．

$$\exists k \in \mathbb{Z}\,(n = km) \tag{11.1}$$

以後これに類似した論理式の使い方をすることにしよう．

m が n を割り切る，すなわち (11.1) が成り立つとき，以下が成り立つ．

$$\begin{aligned}\alpha \equiv \beta \pmod{n} &\iff \exists s \in \mathbb{Z}\,(\alpha - \beta = sn)\\ &\iff \exists s \in \mathbb{Z}\,(\alpha - \beta = skm)\\ &\implies \alpha \equiv \beta \pmod{m} \end{aligned} \tag{11.2}$$

命題 11.2 の証明　⇐)　$10 = 2 \cdot 5$ だから，(11.2) より，

$$\alpha \equiv \beta \pmod{10} \implies \begin{cases}\alpha \equiv \beta \pmod{2}\\ \alpha \equiv \beta \pmod{5}\end{cases}$$

がわかる．

⇒)　まず，

$$\begin{aligned}\begin{cases}\alpha \equiv \beta \pmod{2}\\ \alpha \equiv \beta \pmod{5}\end{cases} &\iff \begin{cases}\exists s \in \mathbb{Z}\,(\alpha - \beta = 2s)\\ \exists t \in \mathbb{Z}\,(\alpha - \beta = 5t)\end{cases}\\ &\implies \exists k \in \mathbb{Z}\,((\alpha - \beta)^2 = 10k)\\ &\iff (\alpha - \beta)^2 \equiv 0 \pmod{10}\end{aligned}$$

である．ここで，$n = 1, 2, \cdots, 9$ に対して n^2 の 1 の位が 0 になるものはない．よって，

$$n^2 \equiv 0 \pmod{10} \implies n \equiv 0 \pmod{10}$$

がわかる．この逆も成り立つことは明らかだから，

$$n^2 \equiv 0 \pmod{10} \iff n \equiv 0 \pmod{10}$$

を得る．ゆえに，

$$\begin{cases}\alpha \equiv \beta \pmod{2}\\ \alpha \equiv \beta \pmod{5}\end{cases} \implies \exists k \in \mathbb{Z}\,((\alpha - \beta)^2 = 10k)$$

$$\begin{aligned}
&\Longleftrightarrow (\alpha-\beta)^2 \equiv 0 \pmod{10} \\
&\Longleftrightarrow \alpha-\beta \equiv 0 \pmod{10} \\
&\Longleftrightarrow \alpha \equiv \beta \pmod{10}
\end{aligned}$$

以上より命題 11.2 が証明された. □

5. ピサノ周期 $\pi(m)$ の特徴付け

より一般に知られている事実をまとめてみよう.

表 11.4 から, いくつかのことが (期待をこめて) 予想される. 例えば, $m>2$ のときの周期は偶数, 同じ周期になる異なる m が存在, m が 10 の倍数のときの周期は 60 の倍数, $\pi(m)=m$ となる m が存在 ($m=24$), など.

ピサノ周期 $\pi(m)$ に関する既知の結果は数多い. 次の命題は, その中から抜粋してまとめたものである.

命題 11.3 以下のことが成り立つ.

(1) $m>2$ ならば, $\pi(m)$ は偶数である [59].

(2) $\pi(m)=m$ となるための必要十分条件は, ある正の整数 λ に対して $m=24\cdot 5^{\lambda-1}$ であること [12].

(3) 各 $m>1$ に対して, 正の整数 ω と λ が決まって, $\pi^{\omega}(m)=24\cdot 5^{\lambda-1}$ となる [12].

(4) すべての $m>1$ に対して $\pi(m)\leqq 6m$ が成立. 等号成立は正の整数 r に対して $m=2\cdot 5^{r}$ であること [9].

ここで (3) の $\pi^{\omega}(m)$ は ω 回の関数 $\pi(m)$ の合成, すなわち, $\pi^2(m)=\pi(\pi(m))$, $\pi^{\omega}(m)=\pi(\pi^{\omega-1}(m))$ $(\omega>1)$ である.

注意 11.2 前節ですでに証明したが, $\pi(10)=60$ の特徴付けは命題 11.3 (4) の主張に含まれる.

注意 11.3　命題 11.3 (3) から ω と λ は m に依存することがわかる．それぞれ $\omega = \omega(m)$ と $\lambda = \lambda(m)$ と書いてフィボナッチ振動数，レオナルド対数と呼ぶ [17]．ピサノ周期も含めて，これらはフィボナッチの名にちなんだものである．フィボナッチは，1170 年頃–1250 年頃に活躍した数学者で，イタリアのピサ (Pisa)——あの斜塔で有名な町——において生没した．本名は Leonardo Pisano (ピサのレオナルド)．フィボナッチ [2) は通称である．

$m = 2, 3, \cdots, 15600$ に対して，ピサノ周期 $\pi(m)$，フィボナッチ振動数 $\omega(m)$，レオナルド対数 $\lambda(m)$ の各値をコンピュータで計算してみた．例えば，$m = 15600$ のとき，$\pi(m) = 4200$, $\omega(m) = 3$, $\lambda(m) = 3$ で，実際，$\pi(4200) = 1200$, $\pi(1200) = 600 = 24 \cdot 5^{3-1}$ だから主張 (3) の通りである．

論文 [17, p.3] では，$m = 2, 3, \cdots, 15600$ までの各値の数値表を 50 ページも使って報告しており，その計算に (1968 年当時，最先端コンピュータであったであろう) IBM360/75 で 1 時間かかったと書いてある．一方，手持ちのノートパソコン (MacBook Pro) で筆者が同じ計算をしてみると 50 秒程度であった．効率を考えずに作った即席プログラムなのに 60 倍以上の速さ！　パソコンの進歩の凄まじさを実感した．

●—— さらなる拡張：d 桁フィボナッチ数列

法 10 のフィボナッチ数列はいわば 1 桁フィボナッチ数列といえるが，もっと拡張させて，2 桁フィボナッチ数列 (法 100 のフィボナッチ数列)，3 桁フィボナッチ数列 (法 1000 のフィボナッチ数列)，あるいは d 桁フィボナッチ数列 (法 10^d のフィボナッチ数列) なども考えられる．

思いつくことは大抵誰かがやっているもので，これらの拡張フィボナッチ数列の周期についてもすでに調べられていた．まず，表 11.4 から $\pi(100) = 300$ である．さらに，$\pi(1000) = 1500$, $\pi(10000) = 15000$ と続く．いかにも規則性がありそうだが，その後も想像通りに $\pi(10^d) = 15 \cdot 10^{d-1}$ $(d \geqq 3)$ となることが知られている．この結果やその他の結果については，Livio [29],

---

2) Fibonacci，Bonacci 家の息子，あるいは son of good nature [29, 第 5 章].

Wolfram MathWorld [62], Dickson [7, Chapter XVII], あるいは, Wikipedia の「Pisano period」の項などが参考になるだろう.

注意 11.4 (ただし！) ウィキペディアの解説記事は, それをそのまま鵜呑みにせず, 引用論文や記事などを必ず見て, その記事もどこかの論文の孫引きになっていないかをチェックする必要がある. 慎重にすべき理由は, 秒単位で修正可能なことや裏取りをしていない安易な引用や孫引きが多いことなどによる. **「誤情報を拡散させない」**ためにも, このような作業は大切である. その意味で, Dickson [7, Chapter XVII] のように, オリジナルの論文の該当ページまで指摘している文献は価値がある.

6. 一般化遊び

表計算ソフトで遊んでいると, 次のような一般化をしたくなる.

集合 $\mathbb{Z}_{10}$ から 0 を除いた集合を $\mathbb{Z}'_{10} = \{1, 2, \cdots, 9\}$ とする.

探究 11.1 任意の p, $q \in \mathbb{Z}'_{10}$ と任意の a_1, $a_2 \in \mathbb{Z}_{10}$ に対して, 漸化式

$$pa_n + qa_{n+1} \equiv a_{n+2} \in \mathbb{Z}_{10} \quad (\mathrm{mod}\ 10\ ;\ n = 1, 2, \cdots)$$

によって定まる法 10 のフィボナッチ数列 $\{a_n\}_{n=1}^{\infty}$ の周期性について考察せよ. (p, q の値によって, 周期的であったりなかったりする.)

探究 11.1 で p, q の値をいろいろといじっていると, そもそも途中で, 偶数倍や 5 倍になると周期性がでてこないことに気がつく. つまり, 途中で 3, 7, 9 倍が出てくれば周期的となることが確定する. しかし, このことは数列が周期的になるための必要条件ではなさそうである. これは次の遊びで気がついた.

7. 127 段目の驚き

さらに遊んでいると, 1 桁フィボナッチ数列の「17 段目の不思議」(60 周期) を拡張したくなる. 例えば, 1 桁トリボナッチ数列の「127 段目の不思議」

(124 周期)，1 桁テトラナッチ数列の「394 段目の不思議」(1560 周期) など面白い現象も次々とみつかる．さらにそれぞれの法の値を一般化するときっと知られていない新発見が出てくるはずだ．

探究 11.2　任意の a_1，a_2，$a_3 \in \mathbb{Z}_{10}$ に対して，

$$a_n + a_{n+1} + a_{n+2} \equiv a_{n+3} \in \mathbb{Z}_{10} \quad (\mathrm{mod}\ 10\,;\ n = 1, 2, \cdots)$$

によって定まる法 10 のトリボナッチ数列 $\{a_n\}_{n=1}^{\infty}$ は 124 周期であること，すなわち，

$$(a_{n+124}, a_{n+125}, a_{n+126}) \equiv (a_n, a_{n+1}, a_{n+2}) \pmod{10}$$

となることが **127 段目**まで続けてわかった．(しかし，途中で三つの組が 3, 7, 9 倍になることはなかった．)　この周期にからくりはあるのだろうか．

調子に乗ってきた．表計算ソフトを使えば計算させることは簡単である．

探究 11.3　任意の a_1，a_2，a_3，$a_4 \in \mathbb{Z}_{10}$ に対して，

$$a_n + a_{n+1} + a_{n+2} + a_{n+3} \equiv a_{n+4} \in \mathbb{Z}_{10} \quad (\mathrm{mod}\ 10\,;\ n = 1, 2, \cdots)$$

によって定まる法 10 のテトラナッチ数列 $\{a_n\}_{n=1}^{\infty}$ の周期はいくつであろうか．

表計算ソフトを使って，初期値の四つの組から 390 段進んで，**394 段目**まで続けると

$$\begin{aligned}&(a_{n+390}, a_{n+391}, a_{n+392}, a_{n+393})\\&\quad\equiv 3(a_n, a_{n+1}, a_{n+2}, a_{n+3}) \pmod{10}\end{aligned}$$

のように 3 倍になることがわかる．これより，

$390 \times 2 = 780$ 段後に $3^2 \equiv 9$ 倍 (mod 10)

$390 \times 3 = 1170$ 段後に $3^3 \equiv 7$ 倍 (mod 10)

$390 \times 4 = 1560$ 段後に $3^4 \equiv 1$ 倍 (mod 10)

がわかるから，テトラナッチ数列は 1560 周期である．この周期，あるいは 390 段で 3 倍となる理由はなんだろうか．

もう次で最後でよいでしょう．

探究 11.4　フィボナッチ，トリボナッチ，テトラナッチ，ペンタナッチ，ヘキサナッチ，…．このように逐次名前がつく法 10 の数列は必ず周期的になるのだろうか．また周期に特徴はあるのだろうか．

8.　「面積が増えたり減ったり」(第 0.22 節) の続き

第 0.22 節 (44 ページ) の面積の増減トリックを整理してみよう．

図 0.46	$3 \times 3 = 9$	$\xrightarrow{+1}$	$2 \times 5 = 10$
図 0.47	$5 \times 5 = 25$	$\xrightarrow{-1}$	$3 \times 8 = 24$
図 0.44	$8 \times 8 = 64$	$\xrightarrow{+1}$	$5 \times 13 = 65$
図 0.45	$13 \times 13 = 169$	$\xrightarrow{-1}$	$8 \times 21 = 168$

登場する数字だけ小さい順にとりあげると，

$$2,\ 3,\ 5,\ 8,\ 13,\ 21,\ \cdots$$

となるが，この数字の並びはまさに，本章でこれまで扱ってきた $a_2 = 2$, $a_3 = 3$ から始まる漸化式 $a_{n+2} = a_n + a_{n+1}$ を満たすフィボナッチ数列にほかならない．これより，次の規則性が成り立つことが予想される．

$$a_{n+1} \times a_{n+1} + 1 = a_n \times a_{n+2} \qquad (n = 2, 4, 6, \cdots)$$

$$a_{n+1} \times a_{n+1} - 1 = a_n \times a_{n+2} \qquad (n = 3, 5, 7, \cdots)$$

$n = 1$ のとき，

$$2 \times 2 = 4 \xrightarrow{-1} 1 \times 3 = 3$$

も成り立つので，上の予想を示すには，初項 $a_1 = 1$, $a_2 = 2$ から始まるフィボナッチ数列に対して，次の等式が証明できればよい．

$$a_n a_{n+2} - a_{n+1}^2 = (-1)^n \qquad (n = 1, 2, \cdots) \tag{11.3}$$

数学的帰納法で証明してみよう．まず，$n = 1$ のときは上で見たとおりに成立している．$n = k - 1$ のとき

$$a_{k-1} a_{k+1} - a_k^2 = (-1)^{k-1} \tag{11.4}$$

が成立するとする．$n = k$ のとき

$$\begin{aligned}
a_k a_{k+2} - a_{k+1}^2 &= a_k(a_k + a_{k+1}) - a_{k+1}^2 \\
&= a_k^2 + a_k a_{k+1} - a_{k+1}^2 \\
&= a_{k-1} a_{k+1} - (-1)^{k-1} + a_k a_{k+1} - a_{k+1}^2 \qquad ((11.4)\text{ より}) \\
&= (a_{k-1} + a_k) a_{k+1} + (-1)^k - a_{k+1}^2 \\
&= a_{k+1}^2 + (-1)^k - a_{k+1}^2 = (-1)^k
\end{aligned}$$

となるので，等式 (11.3) が示された．

等式 (11.3) の両辺の絶対値ととると，

$$|a_n a_{n+2} - a_{n+1}^2| = 1 \qquad (n = 1, 2, \cdots)$$

であるから，この面積増減のトリックは，肉眼で観察するのが難しくなるだけで，永遠に面積差は 1 のままであることがわかる．

ところで，$r_n = \dfrac{a_{n+1}}{a_n}$ とおくと，数列 $\{r_n\}$ は表 11.7 となって，増えたり減ったりを繰り返すことが予想される．

表 11.7

n	1	2	3	4
r_n	$\frac{2}{1}=2$	$\frac{3}{2}=1.5$	$\frac{5}{3}=1.666\cdots$	$\frac{8}{5}=1.6$

n	5	6	7	$\cdots$
r_n	$\frac{13}{8}=1.625$	$\frac{21}{13}=1.615\cdots$	$\frac{34}{21}=1.619\cdots$	$\cdots$

実際，等式 (11.3) の両辺を a_na_{n+2} で割ると，

$$1-\frac{r_n}{r_{n+1}}=\frac{(-1)^n}{a_na_{n+2}} \tag{11.5}$$

であり，右辺は正負を交互にとるので，この予想は正しいことがわかる．

◉——有界性

表 11.7 をよく見ると，$1.6\cdots$ 付近をふらふらしているようにも見える．そこでもう少し大雑把に $n=3,4,\cdots$ に対して，$1.5<r_n<2$ が成り立つことを予想してみる．$n=3$ のとき，$r_3=\frac{5}{3}\in(1.5,2)$ である．また，漸化式 $a_{n+2}=a_n+a_{n+1}$ の両辺を a_{n+1} で割ると，

$$r_{n+1}=\frac{1}{r_n}+1 \tag{11.6}$$

であるから，

$$r_n>1.5 \implies r_{n+1}<\frac{1}{1.5}+1<2$$
$$r_n<2 \implies r_{n+1}>\frac{1}{2}+1=1.5$$

となって，すべての $n=3,4,\cdots$ に対して $1.5<r_n<2$ が成り立つことがわかる (数学的帰納法).

◉——単調性

表 11.7 を別の視点からみると，

$$r_1 > r_3 > r_5, \qquad r_2 < r_4 < r_6$$

であるから，$\{r_n\}$ の奇数番号列は単調に減少し，偶数番号列は単調に増加するのではないかと期待できる．実はこの予想はつねに正しいことを (11.6) から確かめてみよう．

$$r_{2m-1} > r_{2m+1}, \qquad r_{2m} < r_{2m+2}$$

は，$m = 1,\ 2$ のとき成り立つ．$m = k$ のとき成り立つとすると，$m = k + 1$ のとき，

$$r_{2k+1} - r_{2k+3} = \frac{1}{r_{2k}} - \frac{1}{r_{2k+2}} = \frac{r_{2k+2} - r_{2k}}{r_{2k}r_{2k+2}} > 0$$
$$r_{2k+4} - r_{2k+2} = \frac{1}{r_{2k+3}} - \frac{1}{r_{2k+1}} = \frac{r_{2k+1} - r_{2k+3}}{r_{2k+3}r_{2k+1}} > 0$$

となってやはり成り立つ．

◉── 収束性

これより，奇数番号列の単調減少性，偶数番号列の単調増加性，有界性 ($1.5 < r_n < 2$) をまとめると，

$$\begin{cases} r_3 > r_5 > \cdots > r_{2m-1} > r_{2m+1} > \cdots > 1.5 \\ r_4 < r_6 < \cdots < r_{2m} < r_{2m+2} < \cdots < 2 \end{cases}$$

がわかる．

単調減少数列が下に有界，あるいは単調増加数列が上に有界のとき，それぞれの数列は収束することが知られている．この事実を使うと，

$$r_{2m+1} \to \alpha, \qquad r_{2m} \to \beta \quad (m \to \infty)$$

のような極限値 α, β の存在が保証される．

また，(11.5) において，$n = 2m - 1$(奇数) とすると，

$$1 - \frac{r_{2m-1}}{r_{2m}} < 0 \iff r_{2m} < r_{2m-1}$$

である．

以上より，極限値は $1.5 \leqq \beta \leqq \alpha \leqq 2$ という関係にあることがわかるが，実は $\alpha = \beta$ である．実際，(11.6) において，n を偶数としたときと，奇数にしたときのそれぞれの極限を考えると，

$$\alpha = \frac{1}{\beta} + 1, \qquad \beta = \frac{1}{\alpha} + 1$$

を同時に満たすことがわかる．これより，$\alpha = \beta$ がわかる．つまり，数列 $\{r_n\}$ は，奇数番号列でも偶数番号列でも同じ値 ――それを ϕ とおこう―― に収束するので，結局，数列 $\{r_n\}$ はある ϕ という値に収束することがわかる．

◉――黄金比！

(11.6) において，$n \to \infty$ とすると，

$$\phi = \frac{1}{\phi} + 1$$

となる．この ϕ についての 2 次方程式を解くと，$\phi > 0$ から

$$\phi = \frac{1 + \sqrt{5}}{2} = 1.6180339887 \cdots$$

となることがわかる．$1 : \phi$ を黄金比と呼ぶ．

そもそもの問題から ϕ に至るまでを整理しよう．

$a_{n+1} \times a_{n+1}$ の正方形と
$a_n \times (a_n + a_{n+1})$ の長方形の面積比較 (図 11.2)

↓　全体を a_n で割る

$r_n \times r_n$ の正方形と $1 \times (1 + r_n)$ の長方形の面積比較 (図 11.3)

↓　$n \to \infty$

$\phi \times \phi$ の正方形と $1 \times (1 + \phi)$ の長方形の面積比較 (図 11.4)

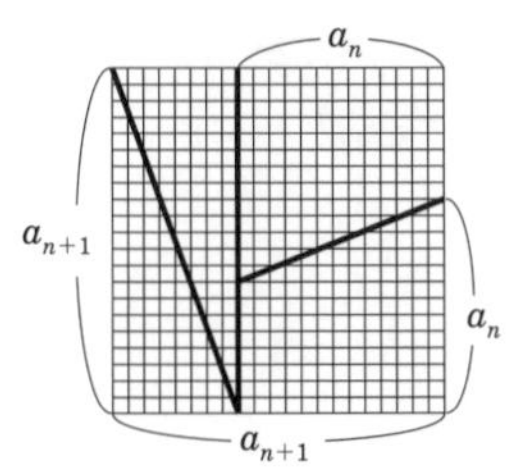
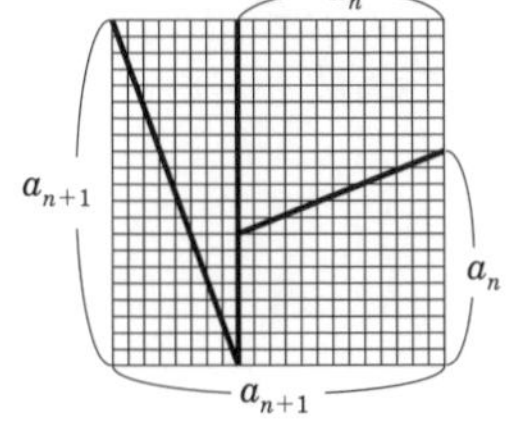

マス目の数は 21×21 = 441（個）　　マス目の数は 13×34 = 442（個）

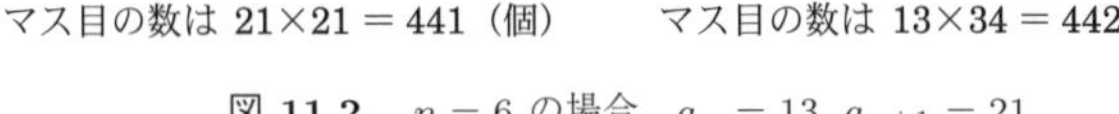
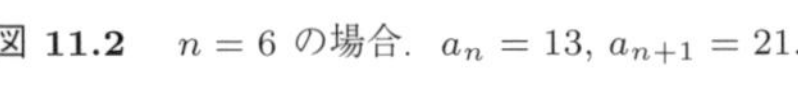

図 11.2　$n = 6$ の場合．$a_n = 13,\ a_{n+1} = 21$.

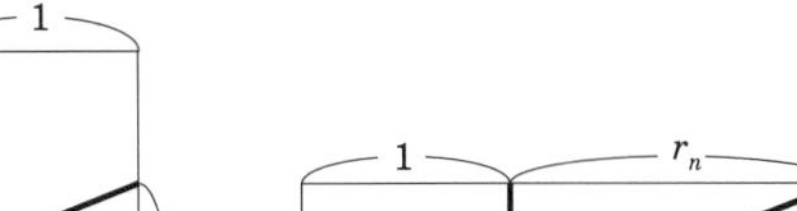
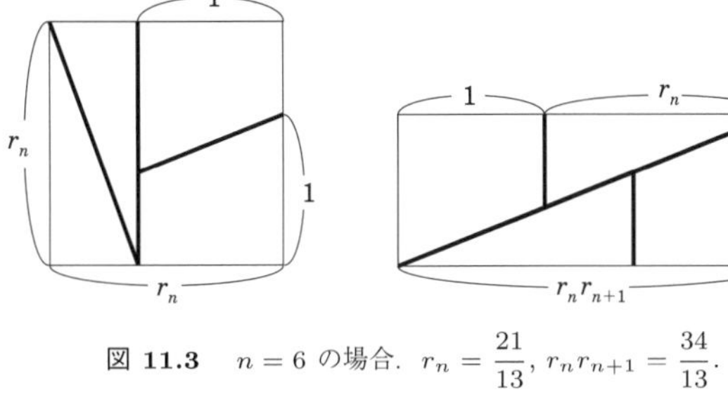
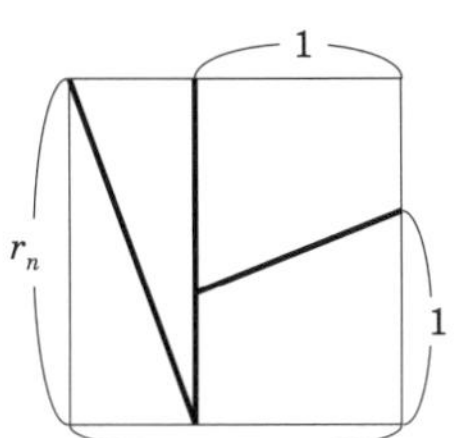
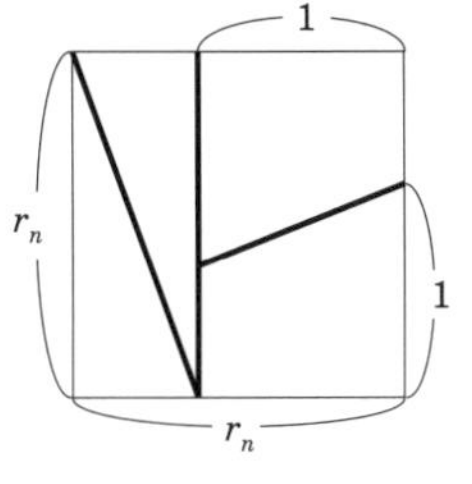
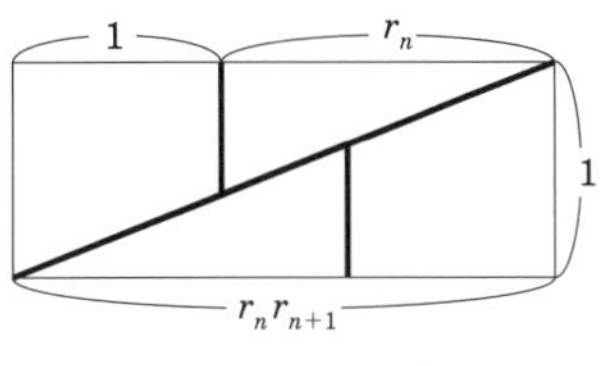
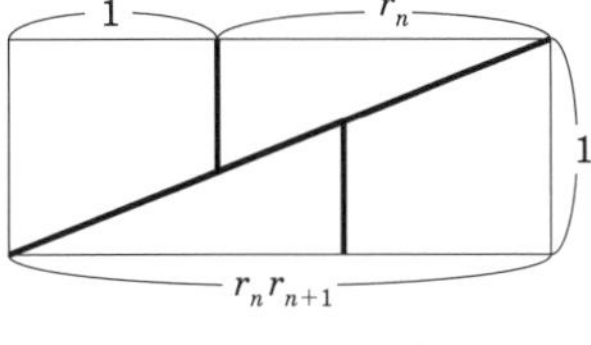

図 11.3　$n = 6$ の場合．$r_n = \dfrac{21}{13},\ r_n r_{n+1} = \dfrac{34}{13}$.

図 11.4　灰色は縦横比が黄金比の長方形.

r_n は有理数なので正方形の面積 r_n^2 と長方形の面積 $1 + r_n$ は永遠に一致しないが，$n \to \infty$ の極限において，すなわち永遠の彼方で，正方形の面積 ϕ^2 と長方形の面積 $1 + \phi$ は一致する！

◉―― ルイス・キャロルのフィボナッチパズル!?

第 0.22 節の面積の増減トリックは，インターネットで検索するとしばしば

「ルイス・キャロルのフィボナッチパズル」と呼ばれているようである．本当にあの『不思議の国のアリス』の作者のルイス・キャロルが「フィボナッチ数列」を背景にして作ったパズルなのか．不明だったので少し調べたことをここに報告する．

1925 年出版の Ball の本 [4, *Third Paradox* (pp.52–54)] に面積増減トリックの一番わかりやすい 8×8 の正方形と 5×13 の長方形の例 (本書の図 0.44 (44 ページ)) が記載されている．さらに，$13 \times 34 - 21^2 = 1$ などの他の数値例は ϕ の連分数表示に収束する数列から得られると解説している．このことから当然フィボナッチ数列のことは知っていたと推測されるが，ルイス・キャロルについての言及はない．また，同書 53 ページの脚注に，『筆者は誰がこのパラドックスを発見したのかを知らない．さまざまな最近の本で取り上げられ

IX. Ein geometrisches Paradoxon. Um ad oculos zu demonstriren, dass das Schachbret nicht nur 64, sondern auch 65 Felder besitzt, schneide man dasselbe aus starkem Papier, zerlege es auf die in Fig. 1

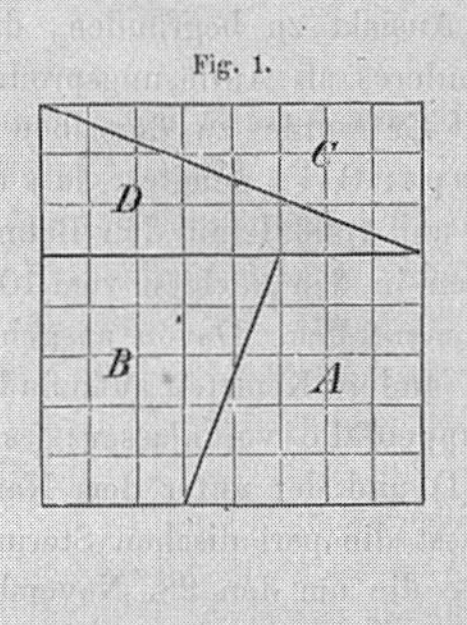

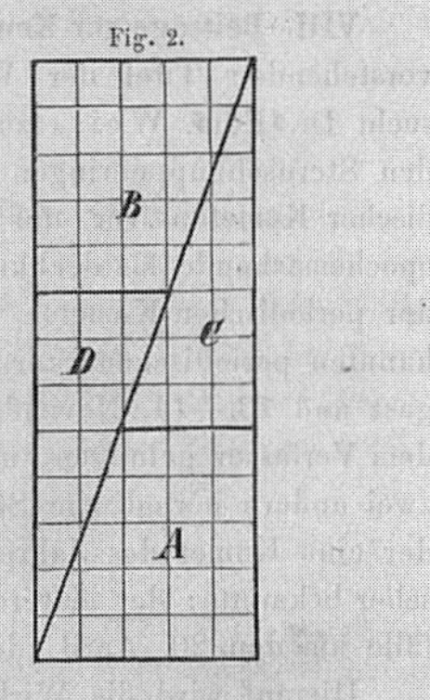

angegebene Weise in vier, zu je zweien congruente Stücke *A*, *B*, *C*, *D* und setze diese zu einem Rechtecke zusammen, welches, wie Fig. 2 zeigt, die Grundlinie 5 und die Höhe 13 besitzt also 65 Felder enthält. — Wir theilen diese kleine Neckerei mit, weil die Aufsuchung des begangenen Fehlers eine hübsche Schüleraufgabe bildet und weil sich an die Vermeidung des Fehlers die Lösung und Construction einer quadratischen Gleichung knüpfen lässt. Schl.

図 **11.5**　[43] より引用．

ているが，[43] より古い記事は見つけられていない.』と明記している．その記事 [43] とは「幾何パラドックス」と題された図 11.5 (前ページ) の短い記事である.

これは 1868 年発行のドイツの雑誌『数学と物理 (Zeitschrift fur Mathematik und Physik)』の第 13 巻，162 ページに記載されていた記事 [43] で，図 11.5 の右下の署名 Schl. は，恐らくこの巻の編著者 Dr. O. Schlömilch, Dr. E. Kahl, Dr. M. Cantor の三人の一人，Schlömilch[3] のことだと思われる．ところが，2014 年の Singmaster の記事 [46, p.15] には,『1938 年の Weaver の記事 [60] に図 11.5 の記事は Otto Schlömilch であったと書いてあり，その雑誌の共編者であったから恐らくそれは正しい』と書いてある．(Singmaster の記事 [46, p.15] の Weaver の文献番号 [12] は [20] の間違いのはず．）　セント・アンドリュース大学の数学史のウェブサイト [50] によれば，Oscar Xaver Schlömilch が，雑誌『数学と物理』を 1856 年に創刊した人物である．(創刊後しばらくは「Schlömilch の雑誌 (Zeitschrift)」と呼ばれていたようである．）　また，1859 年にあの M. Cantor[4] が，翌年には E. Kahl が雑誌編集に参画し，1896 年に Schlömilch が引退するまで 3 人の編集体制だったとある．となると，Otto Schlömilch はどなた？　ということになる．少なくともセント・アンドリュース大学のウェブサイト [50] に該当者はいなかった[5].

そこで，Weaver の記事『ルイス・キャロルと幾何パラドックス [60]』を当たってみた.「In a familiar geometrical paradox* $\cdots$」という書き出しで，8×8 の正方形と 5×13 の長方形の例が挙げられている.「*」で指示している脚注 (234 ページ) には,『このパラドックスは W. W. R. Ball の「第 5 版 Mathematical Recreations and Essays」(1911) の 53 ページに記載されてい

---

3) ドイツの数学者 (Oscar Xaver Schlömilch, 1823-1901)．日本ではしばしば「Roche-Schlömilch の剰余項」と呼ばれるテイラー展開の剰余項の一つの形に名前が残っている [39]．また，Roche はフランスの天文学者 (Édouard Albert Roche, 1820–1883 [39, 48]).

4) ドイツの数学者 (Moritz Benedikt Cantor, 1829–1920)．カントール集合の名前は有名.

5) 紛らわしいドイツ風の名前の数学者に Otto Yulyevich Schmidt (1891 [現・ベラルーシ]–1956 [露]) がいるが，生没年から考えて別人のはずだ．ちなみにこのシュミット (Schmidt) はグラム-シュミットの直交化法のシュミットではない．こちらのシュミットは Erhard Schmidt (1876 [現・エストニア]–1959 [独]).

る』とある[6]．続けて『Schlömilch によって 1868 年に発表されたものが最初のようだ』との記述があり，記事 [43] を見よ，と締めくくっている．この記事を読む限り，Schl. は Schlömilch であると断言 (思い込み？) している．しかし，Otto Schlömilch とはいっていない．Singmaster [46, p.15] で指摘している Otto Schlömilch が誰なのかは依然不明のままである．

Weaver の記事 [60] はタイトルに Lewis Carroll が含まれている通り，ドジソン (ルイス・キャロル[7]) がこの幾何パラドックスに対しておこなった数学について言及している．ただし，ドジソンの未発表の不完全で不明瞭なノートを著者なりに補完している．したがって，あくまで若干の推測の域はあるものの，その限りにおいては，ドジソンは幾何パラドックスになり得る正方形と長方形の各辺の長さがフィボナッチ数列に対応していると主張しているようである．

インターネット検索だけでここまでの情報が得られたのだから，本小節はここでおしまいにしましょう．より深くて正確な情報は読者に委ねることにして．

---

6) 参考文献の Ball [4] は第 10 版 (Reprinted) で，上で述べたように 53 ページにも同じ記述がある．第 5 版は入手できなかったが，入手できた第 4 版 [3, pp.42–43] には上述した *Third Paradox* の段落があったので，第 5 版にもこのパラドックスが記載されていたことはまず間違いない．この第 4 版はインターネットから入手可能な Project Gutenberg の EBook # 26839 版 (2008.10.8) によるものなので，ページが 10 ページほどずれている．

7) イングランドの数学者．Lewis Carroll はペンネーム．本名は Charles Lutwidge Dodgson (1832–1898)．1865 年の『不思議の国のアリス (Alice's Adventures in Wonderland)』，1871 年の『鏡の国のアリス (Through the Looking-Glass, and What Alice Found There)』はあまりにも有名．

第12章 世界1000万年分の米とケプラーの第3法則

米粒の数から惑星の動きまで，対数の効能を感じよう．

1. 「曽呂利新左衛門」(第 0.24 節) の続き

$2^{81}-1$ は一体何石になるだろうか？ $\log_{10} 2 = 0.301$ として，2^{81} の桁数を調べると，

$$K(2^{81}) = [81 \log_{10} 2] + 1 = 25$$

である．したがって，$2^{81}-1$ は 25 桁か 24 桁である．1 を引いて桁数が一つ小さくなる数は 10 の累乗だけだが，2^{81} は 5 の倍数でなく 10 の累乗に成り得ないから，$2^{81}-1$ は 25 桁であることがわかる．すなわち，$2^{81}-1$ は 10^{24} 以上の数である．1 石は 10^7 粒だったから，100 万石は 10^{13} 粒．よって，$2^{81}-1$ は加賀百万石の 1000 億倍以上である．百万石は 1 年間の米 100 万人分だったから，その 1000 億倍は，世界の人口を (多く見積もって)100 億人としても，世界中の人が一日 3 合米を食べたとして，1000 万年分という計算になる．

問 12.1 米 1 合を 150g，米 1 石を 10^7 粒，米 10kg で 4500 円とした場合，10^{24} 粒はおよそいくらになるか．

答 12.1 米 1 石は 1000 合だから，米 1 合を 150g とすると 1 石は 150kg である．また，米 1 石を 10^7 粒とすると 10^{24} 粒は 10^{17} 石．したがって，

$$\frac{10^{17} \times 150}{10} \times 4500 = 6.75 \times 10^{21}(\text{円}) = 6.75 \times 10^{9}(\text{兆円})$$

すなわち，6 兆円の 10 億倍以上．財務省ウェブページの資料 [68, 第 4 章] によると，2018 年度当初予算の総額は歳入 488.8 兆円，歳出 486.2 兆円で，会計間相互の重複計上額等を除いた純計は歳入 239.7 兆円，歳出 238.9 兆円である．よって，大雑把に日本の国家予算を多めに 300 兆円とすると，6 兆円の 10 億倍以上は，日本の国家予算の 2 千万倍以上である．全世界の国家予算をすべて足し合わせても遠く及ばない．

数値が大きすぎてよくわからないので，1 円玉を積み重ねると 6.75×10^9 兆円は，どのくらいの高さになるのかを考えてみる．1 円玉の厚さを 1.5mm とすると，

$$6.75 \times 10^{21} \times 1.5 \times 10^{-6} = 10.125 \times 10^{15}(\text{km})$$

となるので，大雑把に 10^{16}km である．1 光年は 9.46×10^{12}km なのでだいたい 10^{13}km とすると 10^{16}km は 1000 光年である．十分に宇宙の中に納まる高さと言えるがやはりよくわからない．

1 円玉はやめて 1 万円札にしてみよう．100 万円で 1cm とすると，1 億円で 1m だから 1 兆円で 10km となる．よって 6.75×10^9 兆円は，6.75×10^{10}km になる．光速は毎秒 2.99792458×10^5km だから，6.75×10^{10}km は光速で 62.5 時間 (2 日と半日ちょっと) かかる距離である．

2. $\log_{10} 2 \approx 0.301$ の導出

前節で $\log_{10} 2$ を有限小数 0.301 と仮定して 2^{81} の桁数を調べたが，本当は無理数 (循環しない無限小数) $0.301029995663\cdots$ である．(実際，p, q を互いに素な自然数として，$\log_{10} 2 = \dfrac{p}{q} < 1$ であったとする．このとき，$2^q =$

$10^p = 2^p 5^p$ より，$2^{q-p} = 5^p$ となるが，左辺は偶数で右辺は奇数だからこれは矛盾．）　したがって，$\log_{10} 2 = 0.301$ として $[81 \log_{10} 2] = 24$ を導いた方法でつねに正答を得られるとは限らない．例えば，

$$[100000 \cdot 0.301] = 30100, \qquad [100000 \log_{10} 2] = 30102$$

である．そこで，不等式の評価

$$0.3 < \log_{10} 2 < 0.302 \tag{12.1}$$

を用いる．これが示されれば，辺々に 81 をかけて，

$$81 \cdot 0.3 = 24.3 < 81 \log_{10} 2 < 81 \cdot 0.302 = 24.462$$

となるので，$[81 \log_{10} 2] = 24$ が確定する．

(12.1) を示そう．(12.1) の左の不等式は，

$$2^{10} = 1024 > 1000 = 10^3$$

より，辺々の常用対数をとればよい．同様に $2^{1000} < 10^{302}$ がわかれば (12.1) の右の不等式がいえるが，これよりも良い評価が以下のように示される．

$$\begin{aligned}
2^{1000} &= (2^{10})^{100} = (1024)^{100} = (1.024 \times 10^3)^{100} \\
&= \left(1 + \frac{24}{1000}\right)^{100} \times 10^{300} < \left(1 + \frac{25}{1000}\right)^{100} \times 10^{300} \\
&= \left(\mathbf{1} + \frac{\mathbf{1}}{\mathbf{40}}\right)^{\mathbf{40}\cdot 5/2} \times 10^{300} < \mathbf{3}^{5/2} \times 10^{300} \qquad \cdots\cdots(*) \\
&= 243^{1/2} \times 10^{300} < 256^{1/2} \times 10^{300} \\
&= 16 \times 10^{300} = 2^4 \times 10^{300}
\end{aligned}$$

これより $2^{996} < 10^{300}$ がわかるから，

$$\log_{10} 2 < \frac{300}{996} = \frac{25}{83} < 0.3013$$

を得る．ここで，不等式 $(*)$ における太字の部分の評価に，一般的に自然数 n に対して

$$\left(1+\frac{1}{n}\right)^n < 3 \tag{12.2}$$

が成り立つことを使った．不等式 (12.2) は 2 項定理より次のように示される．

$$\begin{aligned}\left(1+\frac{1}{n}\right)^n &= 1+n\frac{1}{n}+\frac{n(n-1)}{2!}\left(\frac{1}{n}\right)^2 \\ &\quad +\frac{n(n-1)(n-2)}{3!}\left(\frac{1}{n}\right)^3+\cdots+\left(\frac{1}{n}\right)^n \\ &= 1+1+\frac{1}{2!}\left(1-\frac{1}{n}\right)+\frac{1}{3!}\left(1-\frac{1}{n}\right)\left(1-\frac{2}{n}\right) \\ &\quad +\cdots+\frac{1}{n!}\left(1-\frac{1}{n}\right)\left(1-\frac{2}{n}\right)\cdots\left(1-\frac{n-1}{n}\right)\end{aligned}$$

これより，$k=3,4,\cdots,n$ に対して，

$$k! = k(k-1)(k-2)\cdots 3\cdot 2 > \underbrace{2\cdot 2\cdot 2\cdot\cdots\cdot 2\cdot 2}_{k-1\ \text{個}} = 2^{k-1}$$

なので，次が成り立つ．

$$\begin{aligned}\left(1+\frac{1}{n}\right)^n &< 2+\frac{1}{2!}+\frac{1}{3!}+\cdots+\frac{1}{n!} \\ &< 2+\frac{1}{2}+\frac{1}{2^2}+\cdots+\frac{1}{2^{n-1}} < 3\end{aligned}$$

注意 12.1　もし $2^{1000} > 10^{301}$ が言えれば，(12.1) の左の不等式よりもよい評価となって，上の評価と合わせて $\log_{10} 2$ の小数点以下 3 位までが 0.301 となることが確定する．

3.　累乗より階乗

曽呂利新左衛門の逸話に象徴されるように，倍々計算は，小さな数を瞬く間に巨大な数に変貌させるが，$\lim_{n\to\infty}\frac{2^n}{n!}=0$ であるから，2 の累乗よりもさらに大きな数は階乗によって生成されることがわかる．

例 12.1　子供が 10 人いたとしよう．ここから，数人選んで小さなグループ

を作る方法は，0 人のグループも許容すると，$2^{10} = 1024$ 通りある (つまり部分集合の個数)．一方，10 人の子供たちを一列に並べる方法は，$10! = 3628800$ 通りある．この差は歴然．なかなか子供が一列に並べないわけである！(ちなみに，$10! = 60^2 \times 24 \times 7 \times 6$ なので 10! 秒はちょうど 6 週間．)

上で $\displaystyle\lim_{n\to\infty} \frac{2^n}{n!} = 0$ と述べたが，この事実を一般化した次の問を考えてみよう．

問 12.2　任意の実数 $t > 0$ に対して，$\displaystyle\lim_{n\to\infty} \frac{t^n}{n!} = 0$ を示せ．

答 12.2　まず，$t < 1$ のとき分子 t^n は 0 に収束する $(n \to \infty)$．$t = 1$ のとき $t^n = 1$ であり，分母の $n!$ は正の無限大に発散するので $\displaystyle\lim_{n\to\infty} \frac{t^n}{n!} = 0$ である．(ここまでは簡単．)

次に，$t > 1$ のときは分子の t^n も正の無限大に発散する．よって，分母分子ともに $n \to \infty$ のとき正の無限大に発散するので，極限値は (それがあるかどうかも含めて) 分母分子の発散速度の競争結果に依存する．例えば $t = 3$ の場合，表 12.1 のように，$n = 6$ までは $3^n > n!$ であるが，$n = 7$ で逆転する．3^n は同じ数を繰り返し掛けているのに対し，$n!$ は次々と大きな数を掛けていくから，一度逆転したら再逆転はない．ということは，$n \to \infty$ のとき，3^n よりも $n!$ の方が遙かに速く無限大に発散するから，$\dfrac{3^n}{n!}$ は急速に 0 に近づいていくことが予想される．

この予想を次のように不等式で評価する．$n \geqq 7$ とすると，

表 12.1

n	1	2	3	4	5	6	7	$\cdots$
3^n	3	9	27	81	243	729	2187	$\cdots$
$n!$	1	2	6	24	120	720	8040	$\cdots$

$$\frac{3^n}{n!} = \underbrace{\frac{3}{n}\frac{3}{n-1}\cdots\frac{3}{7}}_{n-6\text{ 個}}\times\frac{3}{6}\cdots\frac{3}{2}\frac{3}{1} \leqq \left(\frac{3}{7}\right)^{n-6}\times\frac{3^6}{6!}$$

と $\displaystyle\lim_{n\to\infty}\left(\frac{3}{7}\right)^{n-6} = 0$ より，

$$\lim_{n\to\infty}\frac{3^n}{n!} = 0$$

がわかる．

一般の $t > 1$ に対しても同じ考えで評価できる．実際，m を t より大きい最小の整数 $(m = [t] + 1 > t)$ とすると，自然数 $n > m$ に対する不等式

$$\begin{aligned}\frac{t^n}{n!} &= \underbrace{\frac{t}{n}\frac{t}{n-1}\cdots\frac{t}{m+1}\frac{t}{m}}_{n-m+1\text{ 個}}\times\frac{t}{m-1}\cdots\frac{t}{2}\frac{t}{1}\\ &< \underbrace{\frac{t}{m}\frac{t}{m}\cdots\frac{t}{m}\frac{t}{m}}_{n-m+1\text{ 個}}\times\frac{t}{m-1}\cdots\frac{t}{2}\frac{t}{1}\\ &= \left(\frac{t}{m}\right)^{n-m+1}\times\frac{t^{m-1}}{(m-1)!}\end{aligned}$$

と，$\dfrac{t}{m} < 1$ から $\displaystyle\lim_{n\to\infty}\left(\frac{t}{m}\right)^{n-m+1} = 0$ がわかるので，

$$\lim_{n\to\infty}\frac{t^n}{n!} = 0$$

を得る．

4.　1000! の桁数の計算

10! で 300 万を超える数になるから，100! や 1000! はどのくらいの巨大な数なのだろうか．すぐには想像つかない．次の問から，1000! の桁数がわかる (明治大学全学部統一入試問題 (2015 年 2 月 5 日実施) の第 4 問を改変した問題)．log は自然対数とする．

問 12.3　1000! の桁数を次の手順 (1)〜(6) で求めよ．

(1) 3 点 $(1,0)$, $(2,0)$, $(2,\log 2)$ を頂点とする三角形の面積を A_1，$m = 2,3,\cdots,n-1$ に対して 4 点 $(m,0)$, $(m+1,0)$, $(m+1,\log(m+1))$, $(m,\log m)$ を頂点とする台形の面積を A_m とする．このとき，以下を満たす $f(n)$ を求めよ．

$$\sum_{m=1}^{n-1} A_m = \log(n!) - f(n)$$

(2) $k = 1,2,\cdots,n$ に対して，点 $(k,\log k)$ における $y = \log x$ の接線の方程式を $y = f_k(x)$ とおく．このとき，以下の B_m $(m = 1,2,\cdots,n)$ をそれぞれ求めよ．

$$B_1 = \int_1^{3/2} f_1(x)\,dx$$

$$B_m = \int_{m-1/2}^{m+1/2} f_m(x)\,dx \qquad (m = 2,3,\cdots,n-1)$$

$$B_n = \int_{n-1/2}^{n} f_n(x)\,dx$$

(3) $y = \log x$ のグラフは上に凸であることから，

$$\sum_{m=1}^{n-1} A_m \leqq \int_1^n \log x\,dx \leqq \sum_{m=1}^{n} B_m \tag{12.3}$$

がわかる．このことを，小さな n について (1)(2) に対応する図を描いて納得せよ．

(4) $\displaystyle\int_1^n \log x\,dx = g(n) + 1$ を満たす $g(n)$ を求めよ．

(5) 以上より，次が成り立つことを確認せよ．

$$1 - B_1 \leqq \log(n!) - f(n) - g(n) \leqq 1 \tag{12.4}$$

(6) (12.4) 式を利用して，1000! の桁数を求めよ．必要ならば $0.4342 \leqq \dfrac{1}{\log 10} \leqq 0.4343$ を用いてよい．

答 12.3 (1) $A_1 = \dfrac{1}{2}\log 2$, $A_m = \dfrac{1}{2}(\log m + \log(m+1))$ $(m = 2, 3, \cdots, n-1)$ であるから,

$$\sum_{m=1}^{n-1} A_m = \sum_{m=2}^{n-1} \log m + \frac{1}{2}\log n = \sum_{m=1}^{n} \log m - \frac{1}{2}\log n$$
$$= \log(n!) - \frac{1}{2}\log n$$

より, $f(n) = \dfrac{1}{2}\log n$.

(2) $f_k(x) = \dfrac{x}{k} - 1 + \log k$ $(k = 1, 2, \cdots, n)$ である. これより, $B_1 = \dfrac{1}{8}$, $B_m = \log m$ $(m = 2, 3, \cdots, n-1)$, $B_n = \dfrac{1}{2}\log n - \dfrac{1}{8n}$ がわかる.

(3) $n = 5$ の場合の (1)(2) の状況を描くと, 図 12.1 のようになる. これより (12.3) は納得されるであろう.

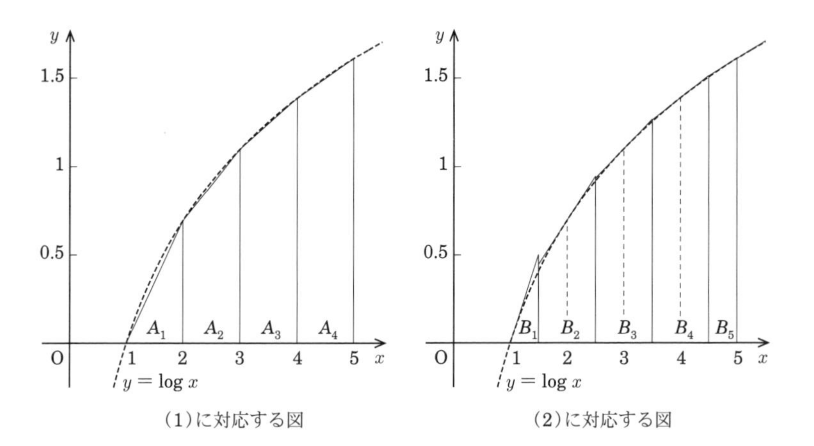

図 **12.1**　$n = 5$ の場合. 点線は $y = \log x$ のグラフ.

(4) $\displaystyle\int_1^n \log x\,dx = [x(\log x - 1)]_1^n = n(\log n - 1) + 1$ より, $g(n) = n(\log n - 1)$.

(5) (2) から

$$\sum_{m=1}^{n} B_m = B_1 + \sum_{m=2}^{n-1} \log m + \frac{1}{2}\log n - \frac{1}{8n}$$
$$= B_1 + \log(n!) - \frac{1}{2}\log n - \frac{1}{8n}$$

である．よって，(12.3) より，

$$\log(n!) - f(n) \leqq g(n) + 1 \leqq B_1 + \log(n!) - f(n) - \frac{1}{8n}$$

となる．左の不等式から $\log(n!) - f(n) - g(n) \leqq 1$ がわかる．一方，$-\frac{1}{8n} \leqq 0$ と評価すれば，右の不等式から $1 - B_1 \leqq \log(n!) - f(n) - g(n)$ がわかる．これより，(12.4) を得る．

(6) (12.4) 式から，

$$1 - \frac{1}{8} \leqq \log(n!) - \frac{1}{2}\log n - n(\log n - 1) \leqq 1$$

である．この式に $n = 1000$ を代入して整理すると，

$$3001.5 \cdot \log 10 - 1000 + \frac{7}{8} \leqq \log(1000!) \leqq 3001.5 \cdot \log 10 - 1000 + 1$$

となる．辺々を $\log 10$ で割って，底の変換をすると，

$$3001.5 - \frac{1000 - 0.875}{\log 10} \leqq \log_{10}(1000!) \leqq 3001.5 - \frac{1000 - 1}{\log 10}$$

を得る．$0.4342 \leqq \frac{1}{\log 10} \leqq 0.4343$ から，

$$3001.5 - \frac{1000 - 0.875}{\log 10} \geqq 3001.5 - (1000 - 0.875) \cdot 0.4343$$
$$= 2567.58\cdots$$
$$3001.5 - \frac{1000 - 1}{\log 10} \leqq 3001.5 - (1000 - 1) \cdot 0.4342 = 2567.73\cdots$$

これより，$[\log_{10}(1000!)] = 2567$ が確定し，1000! の桁数は 2568 であることがわかる．

◉── 寄り道：スターリングの公式

(12.4) 式から，

$$\frac{1}{2}+\frac{7}{8\log n} \leqq \frac{\log(n!)-n\log n+n}{\log n} \leqq \frac{1}{2}+\frac{1}{\log n}$$

となることより，スターリング[1] の公式

$$\log(n!) = n\log n - n + O(\log n) \quad (n\to\infty)$$

を得る．また，(12.4) 式を変形すると，

$$\frac{7}{8} \leqq \log\frac{n!}{\sqrt{n}\left(\dfrac{n}{e}\right)^n} \leqq 1$$

となって，

$$\frac{e^{7/8}}{\sqrt{2\pi}} = 0.957\cdots \leqq \frac{n!}{\sqrt{2\pi n}\left(\dfrac{n}{e}\right)^n} \leqq \frac{e}{\sqrt{2\pi}} = 1.084\cdots$$

を得る．次のより精密な極限公式も知られている．

$$\lim_{n\to\infty}\frac{n!}{\sqrt{2\pi n}\left(\dfrac{n}{e}\right)^n} = 1$$

5. ケプラーの第 3 法則の可視化

これまで対数が桁数，指数を浮き彫りにする効果をみてきた．最後に，自然現象に対して，対数の性能を鮮やかに発揮した例を紹介しよう．

「惑星の公転周期の 2 乗は，その惑星の近日点と遠日点を結ぶ長径の長さの半分の 3 乗に比例する」という法則はケプラー[2] の第 3 法則と呼ばれる[3]．

---

1) スコットランドの数学者 (James Stirling, 1692–1770).

2) ドイツの数学者，天文学者 (Johannes Kepler, 1571–1630).

3) 第 1 法則は「惑星は太陽を一つの焦点とする楕円を描いて運行する」，第 2 法則は「惑星と太陽を結ぶ動径は，単位時間内に同一面積を描く (面積速度一定の法則)」である．

表 12.2 は『理科年表 [25, 2019 年データ]』よりとったデータをまとめたものである．天文単位 (astronomical unit, au) は,

$$1\ [\mathrm{au}] = 1.49597870700 \times 10^{11}\ [\mathrm{m}]$$

と定義される (後述の注意 12.2 参照)．また，ユリウス年は 365.25 日である．この値は『理科年表』2015 年版以降採用されている．2003 年版以前，公転周期 T の単位は太陽年 (365.24219[日]) で $T_E = 1.0000$ だった．

表 12.2

	軌道長半径 a [au]	公転周期 T [ユリウス年]
水星	$a_M = 0.3871$	$T_M = 0.24085$
金星	0.7233	0.6152
地球	$a_E = 1$	$T_E = 1.00002$
火星	1.5237	1.88085
木星	5.2026	11.862
土星	9.5549	29.4572
天王星	19.2184	84.0205
海王星	30.1104	164.7701

表 12.2 のデータを両 (常用) 対数グラフ用紙にプロットすると図 12.2 (次ページ) のようになる．

問 12.4　両対数用紙で $(1,1)$ と $(100,1000)$ を通る直線上に表 12.2 のすべてのデータが乗っているから，ケプラーの第 3 法則が成立することがわかる．なぜか．

答 12.4　$x = \log_{10} a$, $y = \log_{10} T$ とおくと，直線は,

$$y = \frac{\log_{10} 1000 - \log_{10} 1}{\log_{10} 100 - \log_{10} 1}(x - \log_{10} 1) + \log_{10} 1 = \frac{3}{2}x$$

である．よって，$\log_{10} T = \dfrac{3}{2}\log_{10} a$ より，$T^2 = a^3$ である．すなわち，ケプ

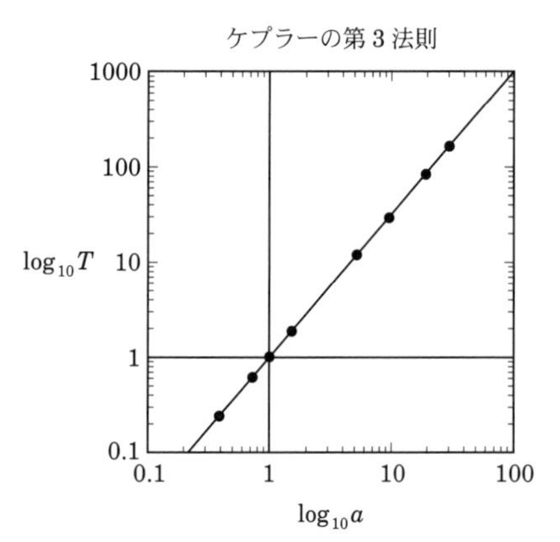

図 **12.2** 直線は (1, 1) と (100, 1000) を結んだもの

ラーの第 3 法則が成り立つ.

365.25 [年] = 3.15576×10^7 [sec] によって，T の単位をユリウス年から秒に換算する．一方，a の単位は天文単位なので，$\dfrac{T^2}{a^3}$ の単位を秒とメートルに換算すると，

$$\begin{aligned}\frac{T^2}{a^3} &= 1\ [\text{ユリウス年}^2/\text{au}^3]\\ &= \frac{3.15576^2 \times 10^{14}\ [\text{sec}^2]}{1.495978707^3 \times 10^{33}\ [\text{m}^3]}\\ &= 2.97462140014136 \times 10^{-19}\ [\text{sec}^2/\text{m}^3]\end{aligned}$$

となる．この値を α [sec^2/m^3] とおく．理科年表 [25, 2019 年データ] によると，日心重力定数は，

$$GM_\odot = 1.32712440041 \times 10^{20}\ [\text{m}^3/\text{sec}^2]$$

である (G は万有引力定数，$M_\odot$ は太陽質量).

理論的には，微分方程式を解いて，

$$\frac{T^2}{a^3} = \frac{4\pi^2}{GM_\odot}\ [\text{sec}^2/\text{m}^3] \tag{12.5}$$

がわかるので，これより，近似円周率 π' は，

$$\pi' = \frac{\sqrt{\alpha G M_\odot}}{2} = 3.1415333207208$$

となって，かなり精度がよいことがわかる．実際，相対誤差は

$$\frac{|\pi - \pi'|}{\pi} \approx 0.002\%$$

である．実は，天文単位ははじめ地球の公転軌道の長半径と定められたが，1976 年に日心重力定数をもとにしてケプラーの第 3 法則を用いて算出するよう改められた．精度がよいのは，そうなるように単位を定めたからである．

問 12.5　日心重力定数 $GM_\odot$ と円周率 π とユリウス年を用いて，(12.5) から近似 1 天文単位 (au$'$) を算出せよ．

答 12.5　$1\mathrm{au}' = 1.49595987133709 \times 10^{11}$ となる．現在の定義との相対誤差は

$$\frac{|1\mathrm{au} - 1\mathrm{au}'|}{1\mathrm{au}} = 0.001\%$$

である．

注意 12.2 (天文単位について)　「SI 国際文書第 8 版 (2006)」で示されている実験値は，$1.49597870691(6) \times 10^{11}$m である．( ) 内にある 1 桁の数字は値の標準不確かさであり，値の最後の 1 桁に対応する．その後 2012 年に国際天文学連合 (IAU) は SI の長さの定義 (m) と直接関連づけるため，$1\mathrm{au} = 1.49597870700 \times 10^{11}$m を定義値とし，SI も 2014 年の改訂版で変更した．

◉── 寄り道：冥王星の降格!?

天文単位 (長さ) や公転周期 (時間) の単位は，観測精度の向上やさまざまな他の単位との関連から，その定義が「改訂」されることをみてきた．星の「格」も時代によって変化する．

筆者が小学生だったころは，太陽系の惑星を「すいきんちかもくとってんかいめい」と口ずさんでいたが，2006 年 8 月以降，このフレーズは途中で寸断されて，「すいきんちかもくとってんかい！」となってしまった．どうも語呂が悪い [4]．もちろん冥王星がなくなってしまったわけではなく，冥王星が惑星ではなくなってしまったのだ．この事態を『理科年表 [58]』では次のように説明している．

> 2006 年 8 月の国際天文学連合 (IAU) 総会における太陽系の惑星定義の決定を受け，冥王星は惑星ではなくなり，準惑星 (dwarf planet) となった (2007 年版理科年表暦 74 参照)．定義によれば，
>
> > (a) 太陽を周回し，(b) 質量が十分大きいため自己重力でほぼ球形 (流体力学的平衡の形状) であり，(c) その軌道の領域で他の天体を力学的に一掃しているもの
>
> が惑星 (planet) とされるが，
>
> > (a), (b) は満たすものの (c) を満たさず，かつ衛星でない天体は dwarf planet，これら以外の天体を太陽系小天体 (small solar system body)
>
> と総称することとなった．さらに，別の決議で，冥王星を代表とする，海王星以遠の小天体群 (trans-Neptunian object) の中で準惑星に属する一群を，新しい天体種族に分類することも同時に採択された．

そして，新しい天体種族名についての要望を日本側から提出している．

> 世界に先行して，日本ではこの新しい種族について「冥王星型天体」という和名を推奨することとなり，同時に IAU にもその趣旨に沿った名前を決めてほしいという要望を提出した．IAU 側では，太陽系を扱う第三

---

4) そう思う人は筆者だけではなかった！　時枝 [55, p.5 の脚注 5)] をそのまま引用：『順の語呂 My Very Educated Mother Just Served Us Nine Pizzas. 冥王星が惑星から外されめいわく.』

> 分科会における英語名の議論を経て，2008 年 5 月にオスロで開催された IAU 執行委員会で，plutoid (和名：冥王星型天体) と決定された．

定義によって，冥王星は惑星から「降格」してしまったが，新しい種族，冥王星型天体の「代表格」として面目を保ったといえよう．

謝辞

本書全般に関して，明治大学大学院の青山大悟，下地優作，同 OB の飯島ひろみ，舘野周一，上形泰英，小林俊介，加茂章太郎，山根匡史，宗像俊行，および株式会社レキシーの秋田健一，以上の諸氏からは本質的な論点や指摘を数多くいただき，本書がより正確に，より深く，そしてより楽しくなりました．以下，個別に謝意を表します．

第 0.4 節の問 0.2 (ア) のアイディアは須藤雄生氏 (筑波大学附属駒場中・高等学校) のご教示によります.「100%の坂」という言葉の響きから勘違いする生徒が少なくないと聞きました．たしかに！

小林俊介氏と舘野周一氏は実験教室や実験撮影のたびに何度も何度も大声を張り上げて，空気を震わせてロウソクを消してくれました (第 0.6 節)．もう声の火消しプロです．お二人に感謝！　いつも声出しをやってもらっていましたが，そのうち筆者もたまにできるようになりました．第 5 章の砂鉄の実験は下地優作氏によります．山根匡史氏には第 3 章の超簡単逆さゴマを教えてもらいました．41 ページの小節「○○進法を自由に作ろう！」も山根氏のアイディアがもとになっています．特に問 0.9 は山根氏作．また，第 7 章でもたくさんの示唆を頂戴しました．

実験 6.2 (105 ページ) は田中良巳氏 (横浜国立大学) のご教示です．同氏からはアクティブソフトマターという分野を紹介していただき，身近な簡単で面白い現象をたくさん知りました．

上形泰英氏から第 11.3 節の特に命題 11.1 の証明に関して本質的な指摘を受けました．また，第 11.4 節の法 10 のフィボナッチ数列が 60 周期であることの証明 (なぜ 60 周期なのかの特徴付け) は，松並奏史氏 (東京書籍) からいただいた個人的なレポートがもとになっています．

次に，本書所収のいくつかの話題のソースを以下に記します．いわば元ネタですが，それを開示することによって，読者諸氏が元ネタの元ネタを探し，さらに異なる視点からの話題が作られる面白さに期待するからです．もちろん，単なるネタの孫引きを避けたかったのも一つの理由です．

第 0.3 節のアイディアは拙著『大学数学の教則 [63]』の第 1 章扉と演習 10

によります．そのもとになったのは『プリンス／パープル・レイン』ワーナー・ブラザース (1984) の一場面モリス・デイとジェローム・ベントンのやりとりで，その映画の中では「what」をパスワード (合い言葉) にしようとしています．そのシーンが笑撃的だったのでデフォルメして作ってみました．

第 0.5 節は拙著『界面現象と曲線の微積分 [65]』の第 1 章から派生しました．特に曲率や緩和区間 (クロソイド曲線) についての知見を深めたい読者は，同書の第 1.6〜1.7 節を参照されるとよいでしょう．

第 0.20 節は Ponomarenko [41] がヒントになりました．同記事では $\frac{379}{868}$ を 25 進法による数で表現するとどうなるかをクイズにしています．

第 2.2 節は時枝 [55, 題 11] を手本にしました．時枝正氏 (スタンフォード大学) による『数学セミナー』2017 年 4 月〜9 月，2018 年 4 月〜2019 年 3 月の連載記事「試験のゆめ・数理のうつつ」は，奇しくも筆者の連載「表紙」と「表紙の裏側」(2017 年 4 月〜2019 年 3 月) と同時期で，毎号の記事を読むたびに同氏の広く深い数理科学や言語学の話題提供にいつも感銘を受けていました．さらに，時枝氏には 2017 年 9 月号特集「戸田盛和とおもちゃの数理」の執筆に筆者を誘ってくださり,「回すおもちゃと転がすおもちゃ」を書くに至りました．その記事を修正加筆して，本書第 3〜4 章になりました．

第 12.5 節のアイディアは森口 [31, pp.24–26] によります．十数年前に同書をはじめて読んだとき，データを使った対数関数の効能に目から鱗の衝撃を受けたことを覚えています．そして，ファインマンの雲形定規の話 [8, pp.43–44] を思い出しました．

> MIT 時代、僕はいろいろないたずらをするのが好きだった。あるとき製図のクラスで、一人の学生が雲形定規 (変てこな波形で、曲線を描くのに使うプラスチックの定規) を取りあげて、「この曲線に何か特別な公式でもあるのかな？」と言った。僕はちょっと考えてから「むろんだよ。その曲線は特別な曲線なんだから。そらこの通り」と雲形定規をとりあげて、ゆっくり回しはじめた。「雲形定規って奴は、どういう風に回しても、各曲線の最低点では、接線が水平になるようにできているんだよ。」

> こうなるとクラスの連中が一人残らず自分の定規をいろいろな角度に持ち、この一番低い点に鉛筆をあてて回しはじめた。そして確かに接線が水平だということにはじめて気がついたのである。みんなこの「発見」に沸き立ったが、誰もがとっくにかなり進んだところまで微積分をやっていて、「どんな曲線についても、極小点 (最低点) での導関数 (接線) はゼロ (つまり水平) である」ということは知りぬいているはずなのだ。ただそれを実際に当てはめてみることができなかっただけだ。言うなれば、自分の「知っている」ことすら知らなかったということになる。
>
> これはいったいどうしたことなのだろう？　人は皆、物事を「本当に理解する」ことによって学ばず、たとえば丸暗記のようなほかの方法で学んでいるのだろうか？　これでは知識など、すぐ吹っとんでしまうこわれ物みたいなものではないか。

衝撃を受けた本当の理由を恥ずかしながら告白すると，対数関数の定義を知り，グラフが描け，微分ができて，そしてケプラーの第 3 法則を知っていても，森口前掲書を読むまで，自分がデータをいじって両対数グラフの図 12.2 (213 ページ) を描くに思い至らなかったことでした．

本書は，シリーズ化している『実験数学読本 [64]』,『実験数学読本 2 [67]』に続く第 3 弾です．そして，2017 年 4 月〜2019 年 3 月号まで 24 回連載した『数学セミナー』の「表紙 (写真と解説)」と「表紙の裏側」のうち，8 回分の記事と上述した 2017 年 9 月号の特集記事をもとに書いた章節や，実験教室，講演，講義などのために準備したレジュメ，あるいは新しく書き下ろした実験数学の記事をまとめて加筆修正したものです．(連載の $24-8=16$ 回分の記事はすでに『読本 2』で紹介しました．)

いままで出会った人，これから出会う人，本を通して時空を超えて知恵を授けてくれた人．すべての人に謝意を表します．まだ書き足りないのですが，長すぎる謝辞もひんしゅくを買いそうなので，そろそろお開きに．

最後に，日本評論社『数学セミナー』編集長の入江孝成氏には連載記事から本シリーズのすべてにわたって，さまざまにお世話になりました．同氏に最初の『読本』を上梓した後にいわれた「本を書き終えてもまだ半分達成しただけです」という言葉は示唆的で，以来，いつも心にとめています．

そうなのです．本書を書くことが最終目的ではないのです．本書をきっかけに，数学って楽しいね，数楽って悪くないね，と感じる人が増えれば願ったり．

参考文献

[1] 阿部恒,『すごいぞ折り紙——折り紙の発想で幾何を楽しむ』，日本評論社，2003.

[2] 青本和彦，上野健爾，加藤和也，神保道夫，砂田利一，高橋陽一郎，深谷賢治，俣野博，室田一雄 (編著),『岩波 数学入門辞典』，岩波書店，(2005).

[3] W. W. R. Ball, *Mathematical Recreations and Essays*, 4th edition, Macmillan (1905). (Project Gutenberg (`www.gutenberg.org`) の EBook #**26839** 版 (2008.10.8) はインターネットから入手可能．)

[4] W. W. R. Ball, *Mathematical Recreations and Essays*, 10th edition (Reprinted), Macmillan (1926).

[5] T. Hockey, V. Trimble, T. R. Williams, K. Bracher, R. A. Jarrell, J. D. MarchéII, J. Palmeri, D. W. E. Green(編), *Biographical Encyclopedia of Astronomers* (2014 年版), Springer, 2014. この辞書のオンライン版 (SpringerLink) で人物検索ができる.
`https://link.springer.com/referencework/10.1007/978-1-4419-9917-7`

[6] R. クーラント (著)，H. ロビンズ (著)，I. スチュアート (改訂)，森口繁一 (監訳),『数学とは何か［原書第 2 版］』，岩波書店，2001.

[7] L. E. Dickson, *History of the Theory of Numbers, Volume I: Divisibility and Primality*, Carnegie Institution of Washington, 1919.

[8] R. P. ファインマン (著)，大貫昌子 (訳),『ご冗談でしょう、ファインマンさん (上)』，岩波現代文庫，2000.

[9] P. Freyd & K. S. Brown, The period of Fibonacci sequences modulo m (E3410), *Amer. Math. Monthly*, **99** (1992), 278–279.

[10] 藤本修三,「キューブ」,『月刊おりがみ』，日本折紙協会 (2014.12)，28–29.（初出：『創造する折り紙遊びへの招待』，朝日カルチャーセンター，1982(絶版).）

[11] 深谷友宏,「エレガントな解答をもとむ」,『数学セミナー』，日本評論社,【出題 2】(2019.1)，48–53；【解答 2】(2019.4)，92–95.

[12] J. D. Fulton & W. L. Morris, On Arithmetical Functions Related to the Fibonacci Numbers, *Acta Arith.* **16** (1969), 105–110.

[13] 豊田利幸 (責任編集),『世界の名著 21 ガリレオ』，中央公論社，1973.

[14] M. Gardner, *Encyclopedia of impromptu magic*, Magic, 1978.

[15] マーティン・ガードナー (著)，秋山仁 (監訳)，川北真由美 (訳)，松永清子 (訳)，『ガードナーのおもしろ科学実験』，東海大学出版会，1997.

[16] 芳賀和夫,『おりがみで楽しむ幾何図形——紙を折れば数学が見える！』，サイエンス・アイ新書，SB クリエイティブ，2014.

[17] B. H. Hannon & W. L. Morris, Tables of Arithmetical Functions Related to the Fibonacci Numbers, *Oak Ridge National Laboratory*, Report **ORNL-4261**, 1968.

[18] 五十嵐秀太郎,『評伝・佐藤雪山』，恒文社，1989；書評：矢崎成俊,「数セミブック・プラザ『評伝・佐藤雪山』」,『数学セミナー』，日本評論社 (2003.7)，83.

[19] 石川達三,『青春の蹉跌』，新潮文庫，1971.

[20] 石綿良三 (著)，根本光正 (著)，日本機械学会流体 (編集),『流れのふしぎ——遊んでわかる流体力学の ABC』，ブルーバックス，講談社，2004.

[21] K. E. Iverson, *A Programming Language*, John Wiley and Sons, 1962.

[22] M. Kac, Can One Hear the Shape of a Drum?, *Amer. Math. Monthly* **73** (1966.4), 1–23.

[23] 川村みゆき,『考える頭をつくろう！　はじめての多面体おりがみ』，日本ヴォーグ社，2001.

[24] 国立天文台
https://www.nao.ac.jp/

[25] 国立天文台 (編),『理科年表プレミアム』，丸善出版，2019.

[26] 小柴昌俊,『やれば、できる。』，新潮文庫，2003.

[27] 桑名一徳，土橋律,「次元解析と火災研究」,『日本火災学会論文集』，**57** (2007)，39–44.

[28] 桑名一徳，関本孝三，斉藤孝三，増山一成,「関東大震災時の火災旋風の発生機構」,『日本火災学会誌「火災」』，**57** (2007)，40–43.

[29] M. Livio, *The Golden Ratio: The Story of Phi, the World's Most Astonishing Number*, Broadway Books, 2002.

[30] T.-Y. Li & J. A. Yorke, Period Three Implies Chaos, *Amer. Math. Monthly* **82** (1975.12), 985–992.

[31] 森口繁一,『数理つれづれ』，岩波書店，2001.

[32] 中原明生 (日本大学) の HP

`http://www.phys.ge.cst.nihon-u.ac.jp/~nakahara/text/art.html`

[33] 中原明生,「PPM2008 特別実験講座：ペーストの記憶と乾燥亀裂パターン」,『PPM2008』
`http://www.cc.miyazaki-u.ac.jp/math/ppm/ppm2008/`

[34] 中谷宇吉郎,「天災は忘れた頃来る」,『中谷宇吉郎集 第八巻』, 岩波書店 (2001) 301–303.

[35] 日本数学会 (編集),『岩波 数学辞典 (第 4 版)』, 岩波書店, 2007.

[36] 岡本久,『日常現象からの解析学』, 近代科学社, 2016.

[37] 岡本和夫 (監修),『数学活用』, 実教出版, 2017.

[38] E. Robson & J. Stedall(編), 斎藤憲, 三浦伸夫, 三宅克哉 (監訳),『Oxford 数学史』, 共立出版, 2014.

[39] L.-E. Persson, H. Rafeiro and P. Wall, Historical synopsis of the Taylor remainder, *Note di Matematica* **37** (2017), 1–21.

[40] C. Pomerance & C. Spicer, Proof of the Sheldon Conjecture, *Amer. Math. Monthly* **121** (2019.1), 1–10.

[41] V. Ponomarenko, A Base Conversion Surprise, *Amer. Math. Monthly* **122** (2015.4), 366, 402.

[42] B. Roman, Fracture path in brittle thin sheets: a unifying review on tearing, *Int. J. Fract.* **182** (2013), 209–237.

[43] Schl.(恐らく O. Schlömilch), Ein geometrisches Paradoxon, *Zeitschrift fur Mathematik und Physik* **13** (1868), 162.

[44] 佐藤解記 (雪山),『算法円理三台』, 西脇済三郎寄贈版, 早稲田大学図書館 (請求記号：二 02 01834).

[45] サイモン・シン (著), 青木薫 (訳),『暗号解読 [上・下]』, 新潮文庫, 2007.

[46] D. Singmaster, Vanishing Area Puzzles *Recrational Mathematics Magazine* **1** (2014.3), 10–21.

[47] D. E. Smith, A source book in mathematics, *Dover Publications*, 1959.

[48] M. Solc, “Roche, Édouard Albert”, *Biographical Encyclopedia of Astronomers*, Springer, 2014. (文献 [5] で調べた.)

[49] 相馬清二,「被服廠跡に生じた火災旋風の研究」.『地学雑誌』, **84** (1975), 204–217.

[50] セント・アンドリュース大学の数学史のウェブサイト

http://www-history.mcs.st-andrews.ac.uk/

[51] 寺田寅彦,「天災と国防」, 青空文庫 (Kidle 版);『寺田寅彦全集 第七巻』, 岩波書店 (1997), 311–322.

[52] 戸田盛和,『コマの科学』, 岩波新書, 1980.

[53] 戸田盛和,「横向き円板逆立ち独楽」,『数理科学』, サイエンス社 (1981.1), 24–29.

[54] 特集「戸田盛和とおもちゃの数理」,『数学セミナー』, 日本評論社 (2017.9).

[55] 時枝正,「試験のゆめ・数理のうつつ《力学：まわる剛体, いたずらな接点》」,『数学セミナー』, 日本評論社 (2018.7), 48–53.

[56] F. トート,『配置の問題』, みすず書房, 1972.

[57] L. Viatour,
https://commons.wikimedia.org/w/index.php?curid=3734153
(2006.10.7).

[58] 渡部潤一,「2010-準惑星と冥王星型天体について」, 国立天文台 (編),『理科年表プレミアム』, 丸善出版, 2020.

[59] D. D. Wall, Fibonacci series modulo m, *Amer. Math. Monthly*, **67** (1960), 525–532.

[60] W. Weaver, Lewis Carroll and a Geometrical Paradox, *Amer. Math. Monthly* **45** (1938.4), 234–236.

[61] E. W. Weisstein, Floor Function, *Wolfram MathWorld*
https://mathworld.wolfram.com/

[62] E. W. Weisstein, Pisano Period, *Wolfram MathWorld*
https://mathworld.wolfram.com/

[63] 矢崎成俊,『大学数学の教則——数学ライセンス取得のためのノート』, 東京図書, 2014.

[64] 矢崎成俊,『実験数学読本——真剣に遊ぶ数理実験から大学数学へ』, 日本評論社, 2016.

[65] 矢崎成俊,『界面現象と曲線の微積分』, 共立出版, 2016.

[66] 矢崎成俊,「回すおもちゃと転がすおもちゃ」,『数学セミナー』, 日本評論社 (2017.9), 14–21.

[67] 矢崎成俊,『実験数学読本 2——やさしい実験からゆたかな数学へ』, 日本評論社, 2019.

[68] 財務省ウェブページ `https://www.mof.go.jp/` から，

予算・決算＞予算トピックス＞特別会計＞令和元年版特別会計ガイドブック

と辿ると，平成 30 年度財務省主計局『平成 30 年版特別会計ガイドブック』の PDF ファイルを入手できる．

索引

クレジット一覧

写真 0.3 (a), (1)〜(11), 0.4, 0.13 (a)(b), (0)〜(3), 0.15 (a), (1)〜(3), 0.16, 0.17 (1)〜(6), 0.18 (a)(b), 0.23 (1)〜(4), 0.24 (a), 0.25 (1)〜(5), 1.1, 1.2 (a)(b), 2.1, 2.2, 5.1, 5.2, 5.3, 5.4, 5.5, 6.1, 6.3, 8.2
カラー写真 1, 2, 3, 4, 5, 6, 7, 10 (1)〜(5), 11 (a)(b), (1)〜(3), 12 (1)〜(3), 13 (a), (1)〜(6), 14 (a)(b), 15 (a)(b), 16 (a), (1)〜(11), 17

写真撮影●宮島正信 (チャイ・スタジオ)

写真 0.9, 0.24 (b)(c), 0.36 (a)(b), 0.39, 1.5 (a)(b), 2.3, 6.4 (a)(b), 6.6 (a)(a')(b)(b')(c)(c')
カラー写真 8, 9 (a)(b), 18

写真撮影●矢崎成俊

図 0.38

提供●国立天文台

矢崎成俊
やざき・しげとし
1970 年，東京都に生まれる．
2000 年，東京大学大学院数理科学研究科数理科学専攻博士課程修了 (博士 (数理科学))．
電気通信大学助手，武蔵工業大学 (現・東京都市大学) 講師，宮崎大学助教授，准教授を経て，
現在，明治大学理工学部数学科教授．
専門は界面現象の数理解析．
著書に，
『微分積分の押さえどころ』(学術図書出版，2019，共著)，
『実験数学読本 2：やさしい実験からゆたかな数学へ』(日本評論社，2019)，
『動く曲線の数値計算』(共立出版，2019)，
『新しい微積分〈上〉,〈下〉』(講談社，2017，共著)，
『界面現象と曲線の微積分』(共立出版，2016)，
『実験数学読本：真剣に遊ぶ数理実験から大学数学へ』(日本評論社，2016)，
『大学数学の教則：数学ライセンス取得のためのノート』(東京図書，2014)，
『弱点克服：大学生のフーリエ解析』(東京図書，2012)，
『これからの非線型偏微分方程式』(日本評論社，2007，共著)，
などがある．

実験数学読本3——やりたくなる実験から考えたくなる数学へ

2020 年 9 月 25 日　第 1 版第 1 刷発行

著者————矢崎成俊

発行所———株式会社日本評論社
〒 170-8474 東京都豊島区南大塚 3-12-4
電話　(03) 3987-8621 [販売]
(03) 3987-8599 [編集]

印刷————藤原印刷株式会社

製本————株式会社難波製本

ブックデザイン————原田恵都子 (ハラダ＋ハラダ)

カバー写真————宮島正信 (チャイ・スタジオ)

ISBN 978-4-535-78914-2